广东省社科规划项目
"人口变化和制度变迁情景下珠三角新生代农民工
组织内交换对心理行为的影响机制（GD17XGL07）"成果

新生代农民工
组织内交换与心理行为研究

谌晓舟◎著

人民出版社

前　言

　　作为改革开放进程中成长起来的新型劳动大军，农民工是我国现代化建设的重要力量之一。随着20世纪六七十年代"婴儿潮"时期出生的进城就业的农民工步入中年，城市劳动力市场主体逐渐由第一代农民工子女即新生代农民工构成。新生代农民工对社会结构尤其是城市构造的作用愈发凸显，进城务工的诉求发生巨大变化。较第一代农民工而言，新生代农民工就业选择、工作心理行为及利益诉求方面均存在显著不同。新生代农民工的自我身份认同、心理诉求等特征的改变将影响劳资关系的现状及未来，同时也对组织人力资源管理及员工关系提出新的要求。若组织沿用既往的管理模式，必然产生一系列矛盾及劳资关系事件。

　　以往研究多侧重于组织内社会性交换，较少将组织内社会性交换及经济性交换纳入同一模型中探讨二者关系以及对心理及行为的影响，且研究对象集中于知识型员工群体。新生代农民工群体鲜明的时代特征使其组织内交换的感知程度对与工作心理行为的影响有别于知识型员工。本研究将组织内经济性交换及社会性交换纳入同一模型中，探讨新生代农民工组织内社会性交换及经济性交换间关系以及对情感承诺、角色内行为、离职意愿及工作满意度等心理行为变量的影响进行了探讨。

　　此外，作为我国特有的二元户籍制度及经济发展的产物，新生代农民工自我身份的认同以及对心理契约破裂的感知具有一定特殊性。区别于第一代农民工，新生代农民工在城市生活追求上已从维持物质生活的基本动机转向社会融合的第二性动机。作为社会融入的最终阶段，自我身份认同的确定有助于新生代农民工融入就业地及当地居民，并对所属组织产生一定情感归属及依赖，进而产生积极的工作心理行为。但现有户籍及各种保障制度一定程度上强化了其对农民身份的认同程度，因而新生代农民工自我身份认同模糊化倾向较为突出。现有针对新生代农民工身份认同的研究主要集中于制度性的宏观层面，即从社会性层面对新生代农民工赋予一定的身份标签，而忽略从新生代农民工群体各个主体的微观层面探讨其对自我身份的认同以及相关影响。本研究选取新生代农民工自我身份认同为研究视角，通过构建模型探索新生代农民工对于农民身份的自我认同程度在组织内社会性交换、组织内经济性交换及工作心理行为各变量间的中介效应，从微观层面对新生代农民工自我身份认同的影响进行探讨，丰富了新生代农民工身份认同的研究。

随着教育程度、生活质量及城市体验等特征的改变，新生代农民工对于组织与员工之间责任的期望及认识也逐渐发生变化。心理契约作为描述组织内双方隐含的、非书面化的承诺及义务，会随着时间的推进而发生改变，而当员工感知到组织无法履行相应承诺及责任时，心理契约随即产生破裂并对相应工作心理行为产生一定影响。当前针对心理契约的研究多集中于知识型员工群体，而已有的关于新生代农民工心理契约的研究也较多侧重于对心理契约维度内容及结构的探讨，而未对心理契约破裂及相关影响进行探讨。本研究将心理契约破裂作为中介变量纳入组织内交换对工作心理行为的作用机制中，探讨新生代农民工心理契约破裂的感知程度在组织内交换对工作心理行为影响中的中介效应。

由于经济发展以及城市产业的转型，新生代农民工的分布呈现集中化的趋势，并主要以产业园区为聚集区域。而工作及生活环境会对员工的心理及生产行为产生显著的影响。既往针对组织内交换及工作产出的相关研究多基于微观层面，较少将环境因素作为影响变量纳入模型并展开相关研究。本课题将产业园区的完善程度作为研究变量纳入组织内交换对心理行为的作用机制模型，开发研制产业园区完善程度问卷并进行检验，并基于产业园区范围内新生代农民工展开实证研究，深化了对新生代农民工心理及行为影响因素的认识。

　　本书基于相关文献研究的基础上，选取珠三角区域的典型产业园区1223 名新生代农民工作为研究对象，通过问卷调查（101 家企业）及一对一访谈等研究方法收集数据，使用软件构建模型并探讨产业园区中新生代农民工组织内交换对工作心理行为的影响机制。研究先后讨论了组织内交换对心理行为的影响、人口学特征变量在各研究变量中的差异分析、产业园区完善度的调节作用、自我身份认同及心理契约破裂中介作用五项内容。

目　　录

第一章　引　言

第一节　缘由：关于新生代农民工
组织内交换的问题

一、新生代农民工的定义

作为改革开放进程中成长起来的新型劳动大军，农民工是我国现代化建设的重要力量之一。农民工概念的产生源于我国特有的二元化户籍管理制度，目前国内学者对农民工概念基本达成一致，主要指具有农业户口，但在城镇从事非农产业的劳动人口（贺汉魂等，2006）①。

随着 20 世纪六七十年代"婴儿潮"时期出生的进城就业的农民工步入中年，城市劳动力市场主体逐渐由第一代农民工子女即新生代农民工构成。据 2006 年国务院发展研究中心调查数据显示，全国 2749 个村庄中 74.3％的调查村庄表示本村青壮年劳动力已外出就业，农村青壮年剩余劳动力正从越来越多的农村地区向城市转移。而 2011 年国务院发展研究中心调查数据则显示，2009 年与 2006 年相比，农村外出务工劳动力增加 2019 万人。其中 30 岁以下年龄组增加 2019 万人，31—40 岁年龄组减少 647 万人，40 岁以上年龄组减少 19 万人。由此可见，新增的城市农民工

---

① 贺汉魂、皮修平：《农民工概念的辩证思考》，《求实》2006 年第 5 期。

主要来自 1980 后出生的农民工，而 30 岁特别是 40 岁以上农民工在逐步退出劳动力市场，回流农村。2010 年"中央一号文件"首次正式提出"新生代农民工"的概念，提出应解决新生代农民工问题，并采取具有针对性的措施。随着新生代农民工逐渐成为主体，其对社会结构尤其是城市构造的作用愈发凸显，进城务工的诉求发生巨大变化，对自身农村身份的认同逐渐减弱，就业及工作心理行为也发生变化，与之相对应的管理问题也随之产生。

相较上一代农民工，新生代农民工表现出相当典型的特征。随着产业结构的升级及城市化的发展，新生代农民工文化素质及教育培训强度有所提高，就业结构及就业方式陆续发生变化。新生代农民工的特征表现为：文化水平较上一代有较大幅度提高，但职业素能仍然较低；就业行业倾向更为明显，更偏向于劳动环境及就业条件更好的行业，但由于上升通道的缺乏导致工作流动性较大；较早进城务工而缺乏务农经历，对家乡及土地的依恋程度较低且农民身份认同性不强；具有更强的社会参与意愿及群体意识，维权手段更为理性（王春光，2001[①]；罗霞，2003[②]；李培林等，2011[③]）。

新生代农民工较第一代农民工而言其就业选择、工作心理行为及利益诉求方面均有所不同。新生代农民工的自我认同、心理诉求等特征的改变将影响劳资关系的现状及未来，同时也对组织人力资源管理及员工关系提出新的要求。若组织沿用既往的管理模式，必然产生一系列矛盾及劳资关系事件，例如近期南海本田员工因劳资谈判破裂而集体停工事件成为当前企业新生代农民工劳资双方矛盾的一典型案例（石晓天，2012)[④]。

---

① 王春光：《新生代农村流动人口的社会认同与城乡融合的关系》，《社会学研究》2011 年第 3 期。

② 罗霞、王春光：《新生代农村流动人口的外出动因与行动选择》，《浙江社会科学》2003 年第 1 期。

③ 李培林、田丰：《中国新生代农民工：社会态度和行为选择》，《社会》2011 年第 3 期。

④ 石晓天：《工资集体协商的条件与实现路径——从南海本田等个案比较的角度》，《中国劳动关系学院学报》2012 年第 2 期。

二、新生代农民工组织内交换现状

良好的员工—组织关系会为企业注入活力。工作心理行为的基础是社会交换，即员工对组织所采取的某项激励付出自己的贡献以作为回报。员工及企业可基于社会情感和经济原因两方面进行交换，即社会性交换及经济性交换。组织内社会性交换及经济性交换在组织中并存，但二者强调的交换形式有所不同。组织内经济性交换是建立在短期契约例如绩效工资等基础上，不包含长期或开放式的义务（Song 等，2009）[①]。而组织内社会性交换是基于对对方的信任，并且相信对方在较长的时期内会公正看待自己的付出而对他人贡献以期望将来能够得到回报（Holmes，1981）[②]。目前组织内交换关系及心理契约均为组织管理研究领域的热点，组织研究者均指出员工—组织关系的本质是组织提供的物质和社会利益与员工的努力及忠诚的一种交换（Levinson，1965[③]；Mowday，Porter & Steers，1982[④]）。研究者常用组织支持感（POS）及领导—部属交换（LMX）理论来描述组织内的社会交换的质量（Henderson，Wayne，2008[⑤]）。此外，心理契约是理解员工—组织社会交换的重要基础（Tekleab，Takeuchi & Taylor，2005[⑥]）。

[①] Jiwen Song, Lynda, Anne S. Tsui, and Kenneth S. Law, 2009, "Unpacking employee responses to organizational exchange mechanisms: The role of social and economic exchange perceptions", *Journal of Management*, Vol. 35. 1, pp. 56-93.

[②] Holmes, John G., 1981, "The exchange process in close relationships", *The Justice Motive in Social Behavior*, Springer, Boston, MA, pp. 261-284.

[③] Levinson, Harry, 1965, "Reciprocation: The relationship between man and organization", *Administrative Science Quarterly*, pp. 370-390

[④] Mowday, R. T., Porter, L. W., and Steers, R. M., 1982, *Employee - Organization Linkage*, *The Psychology of Commitment Absenteism*, *and Turn over*, Academic Press Inc., London.

[⑤] Henderson, D. J., Wayne, S. J., Shore, L. M., Bommer, W. H., & Tetrick, L. E., 2008, "Leader-member exchange, differentiation, and psychological contract fulfillment: A multilevel examination", *Journal of Applied Psychology*, Vol. 93 (6), p. 1208.

[⑥] Tekleab, Amanuel G., Takeuchi, Riki and Taylor, M. Susan, 2005, "Extending the chain of relationships among organizational justice, social exchange, and employee reactions: The role of contract violations", *Academy of Management Journal*, Vol. 48. 1 pp. 146-157.

广义的心理契约是指雇佣双方是基于各种形式的承诺对交换中彼此的义务的主观理解（魏峰、张文贤，2004)[1]，当员工感知到组织未能有效履行其责任及义务时，心理契约破裂就时有发生（Morison & Robinson，1997[2]）。心理契约的破裂会导致许多较为消极的员工态度及行为，例如较低的工作满意度，较高的离职率并减少组织公民行为等（Robinson，1996[3]；Morison & Robinson，1997；Turney & Feldman，1998[4]）。因此，心理契约破裂也是组织管理研究的重点之一。

三、新生代农民工心理契约特点

当前我国处于经济转型期，产业转型速度不断加快，环境的变化及不确定性增强，员工与组织双方履行责任及义务时都面临着更大的困难，心理契约破裂可能性大大增加。此外，新生代农民工群体的新特点及心理诉求变化，导致其对组织具有更高的期望，更为关注组织对自己贡献的重视，对自己的需求及利益诉求更为重视。但目前研究者针对组织内交换关系及心理契约的研究多集中在知识型员工，少数学者针对第一代农民工的心理契约展开探讨，很少有相关研究针对当前农民工主体即新生代农民工这一特殊群体。纵观学者对组织内社会交换及心理契约破裂的研究，可发现学者们的研究集中在探讨前因变量及预测可能的影响，较少学者将三种理论在同一框架内进行整合（Tekleab，Amanuel，

---

[1] 魏峰、张文贤：《国外心理契约理论研究的新进展》，《外国经济与管理》2004 年第 2 期。

[2] Morrison, E. W., & Robinson, S. L., 1997, "When employees feel betrayed: A model of how psychological contract violation develops", *Academy of management Review*, Vol. 22 (1), pp. 226-256.

[3] Robinson, S. L., 1996, "Trust and breach of the psychological contract", *Administrative Science Quarterly*, pp. 574-599.

[4] Turnley, W. H., & Feldman, D. C., 1998, "Psychological contract violations during corporate restructuring", *Human Resource Management*, Published in Cooperation with the School of Business Administration, The University of Michigan and in alliance with the Society of Human Resources Management, Vol. 37 (1), pp. 71-83.

Takeuchi & Taylor，2005）。虽然组织内社会性交换、组织内经济性交换及心理契约三者内容及维度并不相同，但是三者的结果变量却相同。因此，本研究试图探讨在中国情景下新生代农民工群体自我身份认同及心理契约破裂对组织内社会交换与工作心理行为的中介作用。

四、新生代农民工自我身份认同的困境

身份认同作为个体对所属群体的角色及特征的认知及接纳程度，是自我概念中极为重要的方面之一（Deaux，1993）[①]。随着产业转型的不断加速，人口流动成为我国现阶段发展的突出特征。而作为我国特有的二元户籍制度下的产物，农民工则成为人口流动的主力大军，并对社会未来的长期稳定形成一定挑战。随着我国农民工城市化融合进程的不断发展，农民工在就业地区的社会融入及适应过程逐渐成为各界关注的焦点（李虹、倪士光、黄琳妍，2012）[②]。

自我身份认同是社会融入的根本所在。但作为我国特有的边缘群体，农民工依旧游离于城市与农村的边缘。虽然户籍仍为农业户口，但长期脱离土地使得其乡土记忆日渐淡薄；而现有户籍制度及各种保障制度的限制又使得其无法完全融入城市生活，农民工的自我身份认同普遍存在一定障碍。随着农村流动人口的代际区别产生，新生代农民工与传统第一代农民工在成长环境、价值取向及心理诉求等方面又产生显著差异。与父辈相比，新生代农民工务农经历较少，教育水平相对提高，职业期望较高，且生存状况显著改善。随着新一代农民工接受及适应能力提升，其对城市身份认同的渴望逐渐加强，但制度性身份的制约以及相应社会政策性的因素导致新生代农民工无法于心理层面融入城市生活，并最终

---

① Deaux，K.，1993，"Reconstructing social identity"，*Personality and Social Psychology Bulletin*，Vol. 19（1），pp. 4–12.

② 李虹、倪士光、黄琳妍：《流动人口自我身份认同的现状与政策建议》，《西北师大学报（社会科学版）》2012年第4期。

完成社会融入。

五、产业园区完善度对新生代农民工的影响

此外，新生代农民工的分布呈现集中化的趋势。据广东省 2010 年新生代农民工调查报告显示，20 世纪八九十年代后出生的新生代农民工约 1978 万人，其中高达 92% 的新生代农民工分布在珠三角地区，以深圳、东莞、广州、佛山四市为主，主要以产业园区为聚集区域。产业园区聚集了一定区域范围内的物资、资金和技术，提供大量就业机会，吸引大量新生代农民工聚集就业，逐渐成为其就业居住的核心聚集地。但目前产业园区仍然存在诸多问题例如基础设施不完善、居住条件较为恶劣、公共卫生体系不健全等，粗放式产业园区会对新生代农民工的工作心理及行为产生系列负面影响，例如社会交换关系质量降低、工作满意度及组织承诺降低、离职倾向增加的问题出现等。

第二节　本研究概述

一、研究目的

本研究将立足于中国转型经济情境，以新生代农民工这一特定群体为研究对象，探索及构造组织内社会性交换、组织内经济性交换、身份认同、心理契约破裂及工作心理行为等变量间的内在逻辑联系与概念体系，为此探讨、设计、组织并实施相应的实证研究。

针对新生代农民工自我身份认同的现有研究主要是定性分析，即探讨新生代农民工自我身份认同的影响因素及身份认同困境解决方式，较少展开定量分析。本研究将针对新生代农民工展开定量分析，并将其纳

入组织层面探讨身份认同对组织内交换及工作心理行为作用机制的影响。

目前学者对组织内交换的研究主要集中在组织内社会性交换范畴，即主要探讨组织及员工基于社会情感方面的交换，而忽略组织内经济性交换即基于经济及物质基础的交换。组织内社会性交换及经济性交换会对组织及员工的行为产生不同的影响，因此本次研究将立足于社会交换的两种交换类型，探讨其对工作心理行为的作用机制。

现有研究对组织内社会交换及心理契约的研究主要集中在其形成及可预测的影响因素等方面，而较少同时对三者的相互关系进行深入研究。本研究主要试图证明较高的组织内交换感知将满足新生代农民工的心理诉求且产生积极的态度，进而对心理契约破裂的感知较弱，工作心理行为较为稳固。本研究中工作心理行为是指离职意向、工作满意度与组织承诺，这些变量已被证明与组织内社会交换及心理契约有密切关系。此外，新生代农民工所在园区的环境也会对这一感知过程产生一定的影响。

在国内外成熟问卷的基础上，调整及构建符合中国情景的新生代农民工组织内社会性交换问卷、组织内经济性交换问卷、身份认同问卷、心理破裂问卷等问卷，使其能够更好地满足研究所设定的情景限制。

根据所构建的理论模型以及实证检验结果，从个人、组织及产业园区三方面提出相应对策。

二、研究意义

既往针对组织内社会交换的研究主要集中在基于社会情感的交换，而忽略组织内经济性交换对员工工作心理行为的影响。对于新生代农民工这一边缘群体，获得经济收入改善生活仍然为其外出务工的主要目的。此外，目前研究主要集中于分别研究组织内社会交换及心理契约的前因变量及结果变量，较少将组织内社会性交换、组织内经济性交换及心理契约的破裂等变量整合在同一模型中，验证心理契约破裂在社会交换质量及工作心理行为中的角色。本研究将通过实证研究验证心理契约破裂在组织内交换对工作心理行为的影响中的中介作用，扩展组织支持感、领导—部属交换及心理契约破裂的关系研究。

员工—组织关系理论及心理契约理论研究结论及框架均建立在西方文化及实践背景下，而在中国情境下验证性研究的对象主要集中在知识型员工，较少对当前产业大军的主体新生代农民工群体展开相应的研究。相较知识型员工，新生代农民工的心理诉求及特点具有一定的独特性，也意味着组织与员工的劳资关系及人力资源管理需要具有进行相应的调整以期达到更好的效果。本研究将目前新生代农民工就业及居住较为集中的产业园区规划完善度作为调节变量，通过实证研究探索产业园区的综合环境对新生代农民工的组织内社会交换及工作心理行为作用机制的影响，并就此提出相应的管理对策。

三、研究方法

科学研究是以系统的、受控的、实证的调查方法对自然或社会现象进行调查（徐淑英、欧怡，2008[①]；荣泰生，2009[②]）。本研究将采用科学研究，通过文献回顾及综述的方法推导并提出假设，并采用实证研究的方法对相关假设进行检验。

1. 文献回顾及理论构建

科学研究的主要目的通过归纳及演绎方法构建理论框架以描述及预测事实（杨国枢等，2006)[③]，而梳理既有研究成果及文献回顾有助于构建合理的理论框架。本研究首先将采用文献综述法对现有国内外相关理

[①] 徐淑英、欧怡：《科学过程与研究设计》，转引自陈晓萍、徐淑英、樊景立：《组织与管理研究的实证方法》，北京大学出版社 2008 年版。

[②] 荣泰生：《AMOS 与研究方法》，重庆大学出版社 2009 年版。

[③] 杨国枢、文崇一、吴聪贤等：《社会及行为科学研究法》，重庆大学出版社 2006 年版。

论进行梳理，发掘并探讨组织内交换、自我身份认同、心理契约及工作心理行为间的逻辑关系。

2. 实证研究

随着统计学的迅速发展，基于实地调研的实证研究日益普遍。实证研究可对研究对象进行科学的测量，并且解释及预测各变量间的关系。本研究将以珠三角地区的产业园区内新生代农民工为调查对象，共获得有效问卷 1223 份，所获得数据可确保本次研究假设的检验。为针对以上四项研究展开调查并进行相关统计分析，本研究将主要运用 SPSS 及 Amos两种统计软件。其中运用 IBM SPSS Statistics 20.0 对小范围预试问卷及正式问卷的信效度检验、研究变量的相关性分析、人口学特征变量影响分析中的方差分析、调节效应中多层回归分析等统计运算，并运用 AmosGraphics 21.0 软件对正式问卷的构念效度进行验证性因子分析，以及对身份认同的中介效应、心理契约破裂及心理契约违背的中介效应展开相关研究。

四、研究内容和框架

1. 研究内容

纵观已有研究可发现，目前对组织内交换的研究视角多集中于组织内社会性交换，而较少地将组织内社会性交换及组织内经济性交换共同进行探讨，且研究对象多集中于知识型员工群体。而针对新生代农民工这一特殊群体的研究多立足于宏观层面，并以定性研究为主，且较少有研究将生活环境作为影响因素纳入模型对其影响进行探讨。因此本研究拟在珠三角地区的产业园区选取新生代农民工作为研究样本并开展实证研究，探讨组织内社会性交换及组织内经济性交换与工作心理行为的作用机制，并就产业园区完善程度对工作心理行为的影响进行探讨。

本研究的基本构想为：第一，就组织内社会性交换及组织内经济性交换对结果变量的影响进行讨论。第二，探讨各人口学控制变量对本研究自变量、中介变量、调节变量以及各因变量产生的影响。第三，探讨身份认同在组织内两种交换形式对工作心理行为各变量影响中的中介效应。组织内交换包括组织内社会性交换及组织内经济性交换两种形式，而工作心理行为分别由情感承诺、角色内行为、离职意愿以及工作满意度四个维度组成。第四，探讨产业园区规划完善程度在新生代农民工组织内交换与工作心理行为间的调节作用。第五，探讨心理契约破裂在新生代农民工组织内交换及工作心理行为间的中介作用。第六，得出本次研究对产业园区内新生代农民工工作心理行为及管理所带来的管理实践启示。

组织内交换包含社会性交换及经济性交换两种形式，员工对两种交换形式的感知程度均对工作心理及行为会造成一定影响。组织内经济性交换中双方更加强调短期的、物质的契约，而组织内经济性交换则更为强调长远的、情感导向的交换（Song，Tsui & Law，2009）[1]。当员工感受到较多的组织内经济性交换时，其认为与组织间的关系仅为短期的经济的关系；而当其感知到较高的组织内社会性交换时，员工与组织间的关系则延展到经济契约外领域，关系更为长远。现有研究主要集中于知识型员工的社会性交换领域并取得了一定的成果（凌文辁、杨海军、方俐洛，2006[2]；谭小宏等，2007[3]），而对于新生代农民工这一特殊群体较少展开研究，且现有针对新生代农民工群体的研究多集中于定性研究。为此，本研究将针对新生代农民工对组织内社会性交换及组织内经济性交

---

① Jiwen Song, L., Tsui, A. S., & Law, K. S., 2009, "Unpacking employee responses to organizational exchange mechanisms: The role of social and economic exchange perceptions", *Journal of Management*, Vol. 35（1），pp. 56~93.

② 凌文辁、杨海军、方俐洛：《企业员工的组织支持感》，《心理学报》2006年第2期。

③ 谭小宏、秦启文、潘孝富：《组织支持感与工作满意度、离职意向的关系研究》，《心理科学》2007年第2期。

换的感知与心理及行为各变量的关系展开相关分析。

新生代农民工作为我国特有的二元化户籍制度以及改革开放进程的产物，具有鲜明的时代特征。既往针对组织内交换及工作心理及行为的研究多集中在知识型员工，较少针对农民工尤其是新生代农民工这一特殊群体进行探讨。新生代农民工与知识型员工以及第一代农民工的特点及心理诉求均存在较为显著的差异，而年龄、婚姻状况、受教育水平等人口学特征变量对本研究各变量也可能产生一定的影响。因此本研究首先就性别、年龄、婚姻状况等人口控制变量对自变量、因变量、中介变量及调节变量的差异影响展开相关分析。

身份认同作为个体对自我意识及社会地位的一种认知，同样也显著影响着个体与他人的互动以及相应的行为（Deaux，1993）[①]。既往针对知识型员工的相关研究指出，个体对自我认同程度对工作满意度、离职意愿等变量产生显著的影响（宫淑燕，2015）[②]。作为当下经济转型过程中流动人口的主要群体，新生代农民工的社会融入问题引起广泛关注。相较经济层面及行为层面的融入，心理层面的融入被视为社会融入的关键步骤（田凯，1995）[③]，而心理层面融入的核心指标即为自我身份认同（杨菊华，2010）[④]。当前新生代农民工自我身份认同处于模糊状态，乡土记忆的淡薄及丰富的城市体验加强其对市民身份的渴望，但现有户籍制度和相关政策的制定以及与他人互动的受限让新生代农民工群体感受到心理层面的隔离，依旧无法融入当地社会，自己仅为城市的过客，因而对自身农民身份的认同不断强化。为探索新生代农民工群体对于农民身

---

① Deaux, K., 1993, "Reconstructing social identity", *Personality and Social Psychology Bulletin*, Vol. 19（1），pp. 4-12.

② 宫淑燕：《新生代知识员工自我认同对组织行为的作用机理研究》，博士学位论文，西北工业大学 2015 年。

③ 田凯：《关于农民工的城市适应性的调查分析与思考》，《社会科学研究》1995 年第 5 期。

④ 杨菊华：《流动人口在流入地社会融入的指标体系——基于社会融入理论的进一步研究》，《人口与经济》2010 年第 2 期。

份的自我认同程度以及对工作心理行为产生的影响，本研究将构建以身份认同为中介变量的模型，探讨新生代农民工身份认同在组织内交换与心理及行为各变量之间的中介作用。

环境不仅为员工提供工作及生活所需的物质及氛围条件支持，也在一定程度上影响员工的工作心理行为及满意度。产业园区作为拉动地方经济和技术创新的重要载体，是中国特色工业化迅速推进的重要手段（欧阳东等，2014）[1]。作为新生代农民工就业居住的核心聚集地，产业园区的环境及资源设施的完善程度也是工作心理行为的影响因素之一。《广东省工业园区规划》指引中明确指出，产业园区的规划设计应包含绿化隔离带、较为完善的道路系统、配套公共设施等。但目前多数产业园区仍存在着基础设施不完善、居住条件恶劣等状况，原有粗放式产业园区模式已经较难满足当下需求。目前针对产业园区规划及配套设施的研究较多停留在宏观层面，较少以其对工作心理行为的影响展开实证研究。因此本研究拟设计及修订产业园区完善度调查问卷，并将其作为调节变量纳入组织内交换及工作心理行为作用机制中，通过统计分析探讨产业园区完善程度对工作心理及行为各变量的影响，并同时就产业园区完善度的调节作用是否能通过自我身份认同这一中介变量间接影响工作行为产出进行探讨。

心理契约作为存在于组织与员工之间隐含的、非书面化的承诺及期望，是员工对其自身的贡献与组织所提供的支持之间交换承诺的一种理解以及感知（Robinson & Rousseau，1994）[2]，其履行情况与员工绩效及行为反应存在显著的关系。由于心理契约并非书面化的契约，其不稳定性容易导致员工产生组织未能履行其职责义务的一种认知，即心理契约

---

① 欧阳东、李和平、李林等：《产业园区产城融合发展路径与规划策略——以中泰（崇左）产业园为例》，《规划师》2014 年第 6 期。

② Robinson, S. L., Rousseau, D. M., 1994, "Violating the psychological contract: Not the exception but the norm", *Journal of Organizational Behavior*, Vol. (15), pp. 245-259.

发生破裂。学者针对知识型员工心理契约破裂及相关影响进行了大量的研究，并指出心理契约的破裂会导致员工绩效水平及工作满意度降低，且离职意愿显著增加（Grant，1999)①。新生代农民工作为当下劳动力大军的主力群体，不仅关注经济报酬，和知识型员工群体一样，他们也同时渴望得到来自组织的关怀及资源支持，且相较父辈对劳动权益也具有较高的诉求。作为遭遇心理契约破裂的典型群体，新生代农民工心理契约破裂和相应的行为反应的关系有待展开研究。本研究于预试阶段同时探讨了新生代农民工心理契约破裂及违背的中介作用，可得心理契约破裂起主要的中介作用，而心理契约违背作用较弱。为简化研究程序并根据相关意见，于正式研究中删除心理契约违背中介变量，仅引入心理契约破裂作为中介变量，并通过构建结构方程模型对各变量间关系进行探讨。

2. 研究框架

本研究框架结构及相关技术路线如图 1-1 及图 1-2 所示。

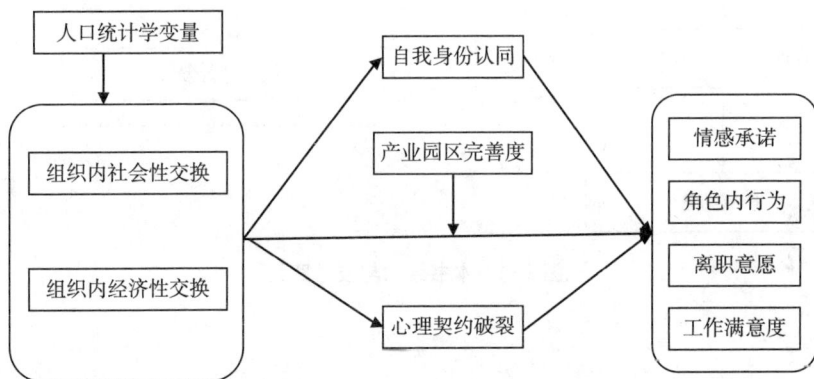

图 1-1　总体研究构想示意图

① Grant D., 1999, "HRM, rhetoric and the psychological contract: a case of 'easier said than done'", *International Journal of Human Resource Management*, Vol. 10 (2), pp. 327-350.

```
┌─────────────┐        ┌──────────────────────────────────────┐
│  提出研究问题  │        │ ┌───────────────┐ ┌───────────────┐ │
└─────────────┘        │ │ 组织内经济性交换 │ │ 组织内社会性交换 │ │
       │               │ └───────────────┘ └───────────────┘ │
       ▼               │ ┌───────────────┐ ┌───────────────┐ │
┌─────────────┐        │ │   身份认同     │ │  产业园区完善度 │ │
│ 理论研究与文献综述 │◀──│ └───────────────┘ └───────────────┘ │
└─────────────┘        │ ┌───────────────┐ ┌───────────────┐ │
       │               │ │  心理契约破裂   │ │  心理契约违背   │ │
       ▼               │ └───────────────┘ └───────────────┘ │
┌─────────────┐        └──────────────────────────────────────┘
│ 理论模型建立与假设的 │     ┌──────────────────────────────────────┐
│      形成      │◀────│ ┌───────────────┐ ┌───────────────┐ │
└─────────────┘        │ │   研究内容     │ │   研究假设     │ │
       │               │ └───────────────┘ └───────────────┘ │
       ▼               │ ┌───────────────┐ ┌───────────────┐ │
┌─────────────┐        │ │   理论模型     │ │   研究方法     │ │
│ 研究设计与假设检验 │◀──│ └───────────────┘ └───────────────┘ │
└─────────────┘        └──────────────────────────────────────┘
       │               ┌──────────────────────────────────────┐
       ▼               │           问卷设计                    │
┌─────────────┐        │   收集相关条目，并借鉴国内外成熟        │
│ 假设结果分析与总结 │   │   问卷，确定初始题项；并通过小规        │
└─────────────┘        │   模预试检验信效度并形成正式问卷        │
       │               │              │                       │
       ▼               │              ▼                       │
┌─────────────┐        │       ┌──────────────┐              │
│ 管理对策及建议提出 │   │       │ 问卷发放与收集 │              │
└─────────────┘        │       └──────────────┘              │
       │               │              │                       │
       ▼               │              ▼                       │
┌─────────────┐        │       ┌──────────────┐              │
│   研究结论    │        │       │ 数据处理及分析 │              │
└─────────────┘        │       └──────────────┘              │
                       └──────────────────────────────────────┘
```

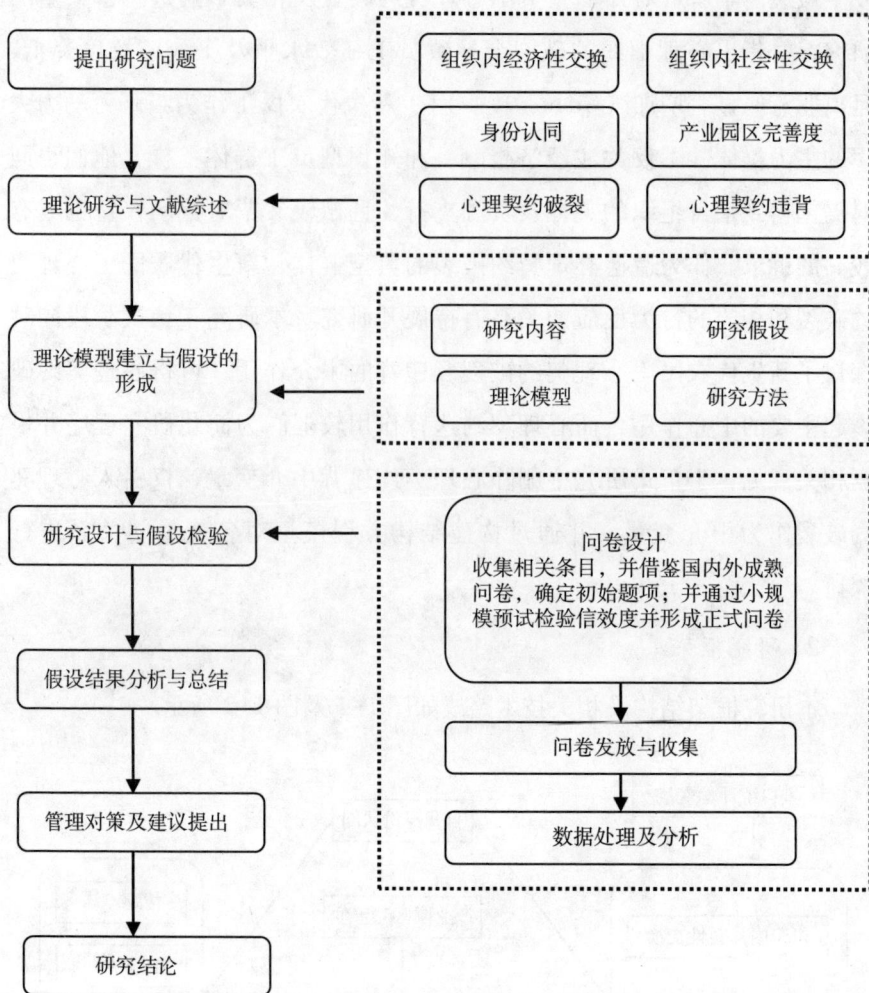

图1-2 本书结构与技术路线

第二章　文献回顾：组织内交换、心理契约及身份认同

第一节　组织内交换：组织内社会性及经济性交换

一、社会交换理论——员工—组织间关系的理论基础

20世纪初社会交换逐渐形成系统化的理论，其主要源于社会学家们对古典经济学的功利主义假设的借用及修正（特纳，2001）[①]。英国经济学家亚当·斯密对于市场经济交换进行了系统研究，他认为，交换是一切民族、一切社会中存在的普遍现象。人类行为的本性即渴望从交换中获得一定报酬，而当双方都能够从中获利时交换及交易才会顺利产生。人被视为理性人，在进行交换或交易时会不断寻求利益及效用最大化。社会学家们则基于此对功利主义假设进行修正，强调人不是无限度的理性及追求最大效用，他们的确会衡量成本及收益，但由于选择信息及资源的约束，人们无法最大化地寻求利润，只能努力寻求利益并在获取过程中相互竞争。人们的确在交易中追求物质性，但也在交易过程中不断交换着非物质性的资源，例如情感、服务等。经济交换理论将交易及交

[①]　乔纳森、特纳：《社会学理论的结构》，吴曲辉等译，浙江人民出版社2001年版。

换视为独立的，对前后的交易不产生任何影响。而社会交换理论认为无论经济或者心理上的交换均无法独立存在，二者相互依存并形成长期稳定的关系，并进一步影响社会交换的过程。这种修正后的社会交换理论更符合现实生活，人们在生活中交换着物质及非物质的各种资源，并基于社会交换行为建立及维持一定的社会关系。此外，文化人类学对于一些原始部落中形形色色"互换"的研究和相互经济交换、社会交换的划分，也对社会交换理论的形成和发展产生了不同程度的影响。

二、社会交换理论的交换原则

1. 组织公平理论

Adams（1965）[①] 首次就组织科学中的公正展开探讨。Adams 使用社会交换理论对公平（Equity）进行评估，并就报酬的合理性及公平性对员工工作积极性的影响进行研究。分配公平感主要是指报酬数量分配的公平性。对比收入的绝对值，收入与参照对象比较的相对值更为重要，而后者被称谓"分配公正"（Distributive Justice）。Thibaut 与 Walker（1975）[②] 在有关法律程序公正问题的专著中首次提出程序公正（Procedural Justice）的结构，使组织公正理论发展到新的阶段。Leventhal 和 Gerald（1980）[③] 将程序公正的观点运用到组织情境中，并提出了程序公正的六条标准。此外，一些学者还关注到员工面临不公正的对待或结果时的行为反应问题。Moag（1986）[④] 对执行程序时的人际互动方式对公正感的影响进行研

① Adams, J. S., 1965, "Inequity in social exchange", *In Advances in Experimental Social Psychology*, Academic Press, Vol. 2, pp. 267–299.

② Thibaut, J. W., & Walker, L., 1980, *Procedural Justice：A Psychological Analysis*, L. Erlbaum Associates, 1975.

③ Leventhal, Gerald S., "What should be done with equity theory?" *Social Exchange*. Springer：Boston, pp. 27–55.

④ Moag, J. S., 1986, "Interactional justice：Communication criteria of fairness", *Research on Negotiation in Organizations*, Vol.（1）, pp. 43–55.

究，并将之称为"互动公正"（Interactional Justice）。

因此，组织公正感至少包括三个方面，即程序公平（公正）、分配公平（公正）以及互动公平（公正）。此外，从 20 世纪 70 年代中期开始，学者们开始研究公正感对工作行为的影响，即对例如工作满意度、组织承诺、退缩行为、组织公民行为等的影响。

2. 互惠原则

社会交换需遵循互惠原则才能正常地进行，而互惠原则（Norm of Reciprocity）是指社会交换只有在对双方都有利的情况下才会发生。交换过程中，交换双方都会就自己所付出的代价与获得的报酬二者之间的关系进行比较，如果报酬不低于代价，则交换关系就可能持续。Gouldner（1960）[1] 最初提出互惠原则，并指出回报的责任感的强度取决于对方付出的价值，若回报者认为对方付出更有价值，则会给予相应的交换。Emerson（1981）[2] 进一步强调了社会交换中双方贡献潜在的相互依赖。他将社会关系分为交易交换及生产性交换，并将交易交换再划分为谈判交易及互惠交易。谈判交易的贡献度视情况而定，而互惠交易的开始便是相依，互相报答一旦发生则互惠交易产生。生产性交换的特点则为任何一方无法单独获得利益。根据互惠原则的相关理论，个人会积极回报对自己付出的人，并为获得最大的个人利益而和别人建立联系（Masterson 等，2000）[3]。员工—组织关系的建立，则是员工以个人的努力工作及忠诚换取可得的利益和社会奖赏。

---

① Gouldner, H. P., 1960, "Dimensions of organizational commitment", *Administrative Science Quarterly*, pp. 468-490.

② Emerson, R. M., 1981, *Social Psychology: Sociological Perspectives*, New York: Basic Books.

③ Masterson, S. S., Lewis, K., Goldman, B. M., & Taylor, M. S., 2000, "Integrating justice and social exchange: The differing effects of fair procedures and treatment on work relationships", *Academy of Management Journal*, Vol. 43 (4), pp. 738-748.

三、组织内的交换——社会交换理论在组织情境中的应用

社会交换广泛存在于各领域中。社会交换既可以是二人之间的交换，也可以是组织、宏观社会结构中的社会交换，甚至是网络社会的交换。其中，组织情境中的交换是学术界及管理者主要研究的领域。社会交换的具体内容主要涉及经济的、社会的和心理的利益（Bass，1990）[①]。Barnard（1938）[②] 的研究指出，组织与员工之间的交换具体表现为组织为员工提供各项诱因（例如物质条件、发展机会及交流条件等），同时组织也期待员工提供相应的回报。Homans（1958）[③] 认为，除了物质或经济因素之外，尊重、社会赞许、服务、友爱、服从、威望和情感等非物质因素同样可以成为社会交换的内容。Blau（1964）[④] 则指出，员工与组织之间的交换包括基于经济原因以及给予社会情感两方面的交换，即社会性交换及经济性交换。Blau 提出的社会交换理论是目前理解员工—组织关系的重要理论，也是理解组织中交换的理论基础（Eisenberger 等，1986[⑤]；Shore 等，2006[⑥]）。早期研究主要关注员工与组织间的经济性交换（Economic Exchange），而对社会性交换（Social Exchange）并未给予足够重视。但随着对员工与组织关系的研究的深入，对社会交换及经济交换的区分愈发重要。经济性交换是基于物质利益的往来，而与之相对应的社

---

① Bass, B. M., 1990, "From transactional to transformational leadership: Learning to share the vision", *Organizational Dynamics*, Vol. 18 (3), pp. 19–31.

② Barnard, C., 1938, *The Functions of the Executive*, Cambridge/Mass.

③ Homans, G. C., 1958, "Social behavior as exchange", *American Journal of Sociology*, Vol. 63 (6), pp. 597–606.

④ Blau, P. M., 1964, *Exchange and Power in Social Life*, Transaction Publishers.

⑤ Eisenbegrer, R., Hutchison, S., Sowa, D., 1986, "Perceived organiaztional support", *Journal of Applied Psychology*, Vol. 71, pp. 500–507.

⑥ Shore, L. M., Tetrick, L. E., Lynch, P., & Barksdale, K., 2006, "Social and economic exchange: Construct development and validation", *Journal of Applied Social Psychology*, Vol. 36 (4), pp. 837–867.

会性交换，是基于个人的诚信、忠诚及承诺。与经济性交换不同的是，社会性交换的建立来自双方的互动，社会性交换中员工与组织的义务没有明确说明，而双方的贡献也没有明确的测量指标。回报虽然不是立即获得，一方对另一方做出贡献或提供服务，同时期望在今后的某个时间获得回报；而获得利益的一方也会产生回报的意识。早期的研究已经证明，在工作中，员工主要卷入到两种社会交换关系中来，这两种社会交换关系分别是员工与组织之间的交换和员工与直接领导之间的交换，即 Esenberger 和 Huntington（1986）提出的组织支持感（Perceived Organizational Support，POS）和 Graen（1975）[①] 提出的领导—成员交换理论（LMX）。

四、组织内经济性交换

相较社会性交换而言，组织内经济性交换是短期导向的，交换双方具有固定及明确的义务及权利。交换中强调的是诸如薪水及福利等短期的财务义务，不强调义务、信任、相互的依附及承诺，且并不关注对员工的长期投资以及社会情感的方面。由于经济性交换仅强调短期的交换关系，员工缺少动力从长远角度考虑工作中的问题（Thomas & Velthouse，1990）[②]，且过于强调物质条件会让员工局限于组织规定的目标（Locke 等，1990）[③]。高经济性交换会让员工认为与组织间只是存在简单的短期经济回报，从而导致员工对组织的归属感及依附感降低，因而感知的工作意义也较低（Aselage & Eisenberger，2003）[④]。虽然较高的经济性交换

[①] Graen, G., & Cashman, J. F., 1975, "A role-making model of leadership in formal organizations: A developmental approach", *Leadership Frontiers*, Vol. 143, p. 165.

[②] Thomas, K. W., Velthouse, B. A., 1990, "Cognitive elements of empowerment: An "interpretive" model of intrinsic task motivation", *Academy of Management Review*, Vol. 15（4），pp. 666-681.

[③] Locke, E. A., & Latham, G. P., 1990, "Work motivation and satisfaction: Light at the end of the tunnel", *Psychological Science*, Vol. 1（4），pp. 240-246.

[④] Aselage, J., Eisenberger, R., 2003, "Perceived organizational support and psychological contracts: A theoretical integration", *Journal of Organizational Behavior*, Vol. 24（5），pp. 491-509.

会带来一系列负面影响，但其对于员工—组织关系的意义不可忽视。在工作心理行为中，经济性交换为员工及组织关系的形成提供基础，并依此为基础建立组织内社会性交换的关系。

五、组织内社会性交换

随着对员工—组织关系研究的深入，组织内社会性交换的重要性日益突出。区别于组织内经济性交换，社会性交换更为强调员工与组织之间的社会情感，是基于情感的长远导向的交换（Blau，1964[①]；Eisenberger等，1986[②]；Shore 等，2006[③]）。以往研究表明，较高质量的社会性交换表明员工在社会情感有较高的投资，能够感受到更多来自组织的支持，而组织对员工的信任和情感亦能够提高员工对组织的认同，进而增加员工对组织的承诺，提高员工的自我效能感，感知胜任力得以提高（Thomas & Velthouse，1990）。目前研究学者普遍采用组织支持感以及领导—成员交换理论来描述组织内社会交换的质量。

1. 组织支持感（Perceived Organizational Support，POS）

既往员工—组织关系的研究视角往往呈现单极化现象，即仅从员工角度出发，强调员工对组织自下而上的承诺，员工以个人努力换来利益及奖励而忽略对组织层面的研究。Eisenberger 等学者于 1986 年首次提出"组织支持理论"（Organizational Support Theory，OST），试图从组织对员工的支持来解决组织管理中遇到的问题。该理论认为组织目标的完成应依赖于员工，当员工感受到组织层面的关心支持及认同时，员工会形成更多的情感

---

① Blau，P. M.，1964，*Exchange and Power in social life*，Transaction Publishers.

② Eisenbegrer，R.，Hutchison，S.，Sowa，D.，1986，"Perceived organiaztional support"，*Journal of Applied Psychology*，Vol. 71，pp. 500-507.

③ Shore，L. M.，Tetrick，L. E.，Lynch，P.，& Barksdale，K.，2006，"Social and economic exchange：Construct development and validation"，*Journal of Applied Social Psychology*，Vol. 36（4），pp. 837-867.

承诺，进而在工作中有更好的表现（许百华等，2005）[①]。而"组织支持感"（Perceived Organizational Support，POS）则是由组织支持理论衍生出来的概念（Eisenberger 等，1986)[②]。组织支持感理论认为，员工能够在工作过程中感知到组织对自己贡献的重视并关心自己福利的程度。员工如果感知到组织愿意并且能够通过各方面对其贡献进行汇报，则员工会增加其对组织的情感承诺，并回报更多的忠诚及绩效（Rhoades & Eisenberger，2002）。

组织支持感对员工工作态度及组织行为的影响主要涉及情感承诺、工作满意度、工作压力和离职倾向等方面。此外，组织支持感还能够通过员工感受到来自他人的支持及理解并回应一系列积极情绪体验，从而产生更多的组织承诺。

社会交换理论指出，组织支持感（POS）会使员工产生支持组织目标的责任感，认为自己有义务去回报组织所给予的利益，这种回报方式之一即为持续的参与。因此，组织支持感对离职意向产生负向影响，较高的组织支持感会降低职业流动及离职行为（Eisenberger 等，1986；Wayne 等，1997[③]；Cropanzano 等，1997[④]）。此外一些研究对组织支持度与离职行为的中介变量进行了探讨。Allen 等学者总结了组织支持感及离职行为的研究并提出相关理论模型，指出工作满意度和组织承诺在组织支持度及离职倾向之间起着中介作用（Allen 等，2003)[⑤]。

① 许百华、张国兴：《组织支持感研究进展》，《应用心理学》2005 年第 4 期。

② Eisenbeger, R., Hutchison, S., Sowa, D., 1986, "Perceived organiaztional support", *Journal of Applied Psychology*, Vol. 71, pp. 500-507.

③ Wayne, S. J., Shore, L. M., Liden, R. C, 1997, "Perceived organizational support and leader-member exchange: A social exchange perspective", *Academy of Management Journal*, Vol. 40 (1), pp. 82-111.

④ Cropanzano, R., Howes, J. C., Grandey, A. A., Toth, P., 1997, "The relationship of organizational politics and support to work behaviors, attitudes, and stress", *Journal of Organizational Behavior*, pp. 159-180.

⑤ Allen, D. G., Shore, L. M., Griffeth, R. W., 2003, "The role of perceived organization-alsupport and supportive human resource practices in the turnover process", *Journal of Management*, Vol. 29 (1), pp : 99-118.

组织支持理论为研究员工—组织关系提供了全新的视角，引起国际学术界的广泛关注。但员工—组织关系源自西方学术界，中国情境下的实证研究不多。徐哲（2004）① 对国外组织支持及员工满意度的相关研究正进行了相应的介绍；周明建等（2005）② 对组织支持感的中介变量进行了初步实证研究；吴巧云（2008）③ 对组织支持与管理控制对组织学习的影响进行了实证研究。

在组织支持感的结构维度划分方面，王辉等学者（Wang, Zhong & Farth, 2000）④ 通过归纳法提出中国文化情境下员工感知到组织支持可能的原因，并将其归纳为五类：与健康福利相关、与薪酬及边缘福利相关、与家庭福利相关、与权力及尊严相关以及与成长发展机会相关。凌文辁、杨海军和方俐洛（2006）⑤ 则通过项目收集、问卷编制及施测，得出中国员工的组织支持感包含三个维度：工作支持维度、员工价值认同维度以及关系利益的维度。

2. 领导—成员交换理论（Leader-Member Exchange, LMX）

组织中的社会性交换不仅涉及组织与员工之间的交换，也包含员工与直接领导之间的交换。早期关于员工—上级交换关系的研究均基于领导者以同样方式对待不同下属这一假设对领导行为进行研究，但在管理实践中领导者对待下属的方式差异较大。Graen 等研究学者（Graen & Dansereau, 1972）⑥ 首次提出领导—成员交换理论（Leader-Member Ex-

---

① 徐哲：《组织支持与员工满意度相关分析研究》，《天津商学院学报》2004 年第 1 期。

② 周明建、宝贡敏：《组织中的社会交换：由直接到间接》，《心理学报》2005 年第 4 期。

③ 吴巧云：《组织支持与管理控制对组织学习影响的实证研究》，博士学位论文，南京航空航天大学 2008 年。

④ Wang, H., Zhong, C. B., Farth, J. L., Aryee, S., 2000, "Perceived organizational support in the People's Republic of China: An exploratory study", *Asia Academy of Management*, Singapore, pp. 3-12.

⑤ 凌文辁、杨海军、方俐洛：《企业员工的组织支持感》，《心理学报》2006 年第 2 期。

⑥ Graen, G. B., Dansereau Jr, F., Minami, T., 1972, "Dysfunctional leadership styles", *Organizational Behavior and Human Performance*, Vol. 7 (2), pp. 216-236.

change，LMX），指出由于时间及精力的限制，领导者会在工作中对不同的成员建立不同类型的关系，采用不同的管理风格。在此过程中，小部分下属与领导建立特殊关系并成为"圈内人"（In-group），得到更多的信任及照顾，并享有更多的特权。而其余"圈外人"（Out-group）则相较而言占用领导时间较少，获得的信任及机会也更少。领导—成员交换理论采用成对关系作为研究的切入点，强调领导者与下属动态关系的重要性以及对态度和行为的影响，且得到众多实证研究的验证及支持。

领导—成员交换质量被定义为员工与其上级的交换关系的质量（Graen，1976）[1]，交换质量的高低会对员工行为及态度产生一定影响。当 LMX 质量较高时，领导对员工表现更多的个人支持和情感激励，而员工则会以积极的态度和努力行为回报领导。基于这种良性的互动，员工对组织的认同感及归属感会随之提高，进而产生更高的情感承诺（Green，Anderson & Shivers，1996[2]；Vandenberghe，Bentein & Stinglhamber，2004[3]；Basu & Green，1997[4]）。若员工较少感受到领导者的支持及激励，得不到必要的支持及信任，即员工与领导者交换的质量较低，则员工可能表现出较高的离职意向（Wayne & Green，1993[5]；Graen &

① Graen, G., 1976, "Role-making processes within complex organizations", *Handbook of Industrial and Organizational Psychology*, p. 1201, p. 1245.

② Green, S., Anderson, S., Shivers, S. L., 1996, "Demographic and organizational influences on leader-member exchange and related work attitudes", *Organizational Behavior and Human Decision Processes*, Vol. 66 (2), pp. 203-214

③ Vandenberghe, C., Bentein, K., Stinglhamber, F., 2004, "Affective Commitment to the Organization, Supervisor, and Work Group: Antecedents and Outcomes", *Journal of Vocational Behavior*, Vol. 64 (1), pp. 47-71.

④ Basu, R., Green, S. G., 1997, "Leader-member exchange and transformational leadership: An empirical examination of innovative behaviors in leader-member dyads", *Journal of Applied Social Psychology*, Vol. 27 (6), pp. 477-499.

⑤ Wayne, S. J., Green, S. A., 1993, "The Effects of Leader-Member exchange on Employee citizenship and impression management behavior", *Human Relations*, Vol. 46 (12), pp. 1431-1440.

Uhl-Bien, 1995[①]; Graen, Linden & Hoel, 1982[②]）。此外, Erdogan 等学者（2004）[③] 研究表明, 领导—成员交换会影响下属对责任感知和与之相关的结果变量。虽然对于组织及个人而言, 领导—成员交换具有积极的影响, 但是也同时会为下属带来一些消极的影响。Townsend 等学者（2002）[④] 对领导—成员关系研究发现领导—成员交换与工作绩效及组织公民行为存在正相关, 与报复行为呈负相关, 即拥有低质量交换的成员更可能表现出报复行为。与此同时, 研究者们对领导—成员交换的作用机制愈发关注, 许多变量会影响领导—成员交换与结果变量之间的相关。Gilad 等人研究发现个人授权对领导—成员交换及个人绩效起到部分中介作用; Bauer 等学者（2008）[⑤] 则通过对新上任领导者进行追踪, 得出领导者的人格特征会影响领导—成员交换与绩效及离职意愿的相关性。

领导—成员交换在测量维度方面一直没有形成公认权威的方法, 目前研究者针对领导—成员交换维度研究的观点主要集中在领导—成员交换的单维结构及多维结构。一些研究学者如 Graen 和 Uhl-Bien（1995）[⑥]

---

① Graen, G. B., Uhl-Bien, M., 1995, "Relationship-based approach to leadership: Development of leader-member exchange (LMX) theory of leadership over 25years: Applying a mufti-level mufti-domain perspective", *Leadership Quarterly*, Vol. 6 (2), pp. 219-247.

② Graen, G. B., Linden, R. C. Hoel, 1982, "Role of leadership n the employees withdrawal process", *Journal of Applied Psychology*, Vol. 6, pp. 868-872.

③ Erdogan, B., Kraimer, M. L., Liden, R. C, 2004, "Work value congruence and intrinsic career success: the compensatory roles of leader-member exchange and perceived organizational support", *Personnel Psychology*, Vol. 57 (2), pp. 305-332.

④ Townsend, J. C., Silva, N. D., Mueller, L., Curtin, P., Tetrick, L. E., 2002, "Attributional complexity: A link between training, job complexity, decision latitude, leader-member exchange, and performance", *Journal of Applied Social Psychology*, Vol. 32 (1), pp. 207-221.

⑤ Bauer, M. W., 2008, "Introduction: Organizational change, management reform and EU policy-making", *Journal of European Public Policy*, Vol. 15 (5), pp. 627-647.

⑥ Graen, G. B., Uhl-Bien, M., 1995, "Relationship-based approach to leadership: Development of leader-member exchange (LMX) theory of leadership over 25years: Applying a mufti-level mufti-domain perspective", *Leadership Quarterly*, Vol. 6 (2), pp. 219-247.

等认为，领导—成员交换仅局限于和工作有关的方面，则这种交换是对工作关系好坏的整体反映，应视为单维结构。根据单维结构的设想，Duchon，Green 与 Taber（1986）[1] 开发出五题项的领导—成员交换问卷，而 Scandura 以及 Graen（1984）[2] 开发出七题目的领导—成员交换问卷，即目前较为广泛采用的 LMX-7。而在管理实践中，领导与成员的交换往往很难局限于工作环境中，上下级交换关系的确认实际为双方角色的获得过程，而角色的多维性是角色理论的基础。因此，领导—成员交换会随着双发交换内容的不同而产生变化。Dienesch 和 Liden（1986）[3] 指出领导—成员交换由情感（Affect）、贡献（Contribution）及忠诚（Loyalty）三维度构成。而后 Liden 和 Maslyn（1998）[4] 则结合归因理论、角色理论及社会交换理论，在三维度基础上增加专业尊敬（Professional Respect）的维度，提出领导—成员交换的四维结构。

第二节 经济发展及建设的主力群体：新生代农民工

一、农民工的定义

农民工是改革开放后伴随工业化及城市化进程而产生的特殊社会群

---

① Duchon, D., Green, S. G., Taber, T. D., 1986, "Vertical dyad linkage: A longitudinal assessment of antecedents, measures, and consequences", *Journal of Applied Psychology*, Vol. 71 (1), p. 56.

② Scandura, T. A., & Graen, G.B., 1984, "Moderating effects of initial leader-member exchange status on the effects of a leadership intervention", *Journal of applied psychology*, Vol. 69 (3), p. 428.

③ Dienesch, R.M., Liden, R.C., 1986, "Leader-member exchange model of leadership: A critique and further development", *Academy of Management Review*, Vol. 11 (3), pp : 618-634.

④ Liden, R.C., Maslyn, J.M., 1998, "Multidimensionality of leader-member exchange: An empirical assessment through scale development", *Journal of Management*, Vol. 24 (1), pp. 43-72.

体。随着农业生产率的提高，大量农村劳动力被释放，并具备向城市转移的生产力条件。此外，城乡社会地位的差异以及收入差异的不断扩大，成为农村劳动力迁移的直接原因（佐藤宏、李实，2008）①。在生产力条件和直接诱因作用下，形成了农民工群体（Zhong Zhao，2005）②。作为我国特有的城乡二元户籍制度及社会经济转型时期的产物，农民工是我国现代化建设的主力军，是联接城乡的纽带。农民工泛指拥有农村户口身份，但主要从事非农业生产并依靠工资作为主要生活收入的劳动者（贺汉魂等，2006③；郑功成等，2007④）。目前针对农民工的定义有狭义及广义之分。广义的农民工包括"外出农民工"以及"本地农民工"，前者为农业人口中离开本乡镇进入其他地区从事二三产业的人群，即离土又离乡；而后者为在本乡镇从事非农业生产的农业劳动力，即离土不离乡；而狭义的农民工定义指离开本乡镇从事二三产业的农业人口（陈素琼、张广胜，2011）⑤。

作为我国经济发展及建设的主力群体，农民工数量呈现巨大规模和不断增长的趋势。据国家统计局抽样调查结果显示，2014年全国农民工总量达27395万人，其中外出农民工16821万人，本地农民工10574万人⑥。此外，农民工呈现年轻化、文化程度增加、接受技能培训比例增加的趋势。

---

① 佐藤宏、李实：《中国农村地区的家庭成分、家庭文化和教育》，《经济学（季刊）》2008年第4期。
② Zhao, Z., 2010, "Migration, labor market flexibility, and wage determination in China: a review", *Developing Economies*, Vol. 43 (2), pp. 285-312.
③ 贺汉魂、皮修平：《农民工概念的辩证思考》，《求实》2006年第5期。
④ 郑功成、黄黎若莲等：《中国农民工问题与社会保护》，人民出版社2007年版。
⑤ 陈素琼、张广胜：《中国新生代农民工市民化的研究综述》，《农业经济》2011年第5期。
⑥ 国家统计局：《2014全国农民工检测调查报告》，http://www.gov.cn/xinwen/2015-04/29/content_2854930.htm。

二、新生代农民工定义及特点

随着工业化进程加快，农民工数量急增的同时其内部也发生重大结构性转变。直接脱离农业生产进城务工的第一代农民工逐步退出城市劳动力市场，而其子女即第二代农民工逐渐成为了农民工群体的主要构成部分。第二代农民工在个体表征和结构特点上较第一代农民工均发生了显著变化。据 2006 年国务院发展研究中心调查数据显示，我国 2794 个被调查村庄中 74.3% 的村庄表示本村庄青壮年劳动力已外出就业，可见农村青壮年劳动力正逐渐向城市转移。新生代农民工在我国经济社会发展特别是工业化及城市化进程中发挥着重要作用。王春光（2001）[①] 首次对新生代农村流动人口概念进行界定，并对该群体社会认同及城际融合问题进行探讨。2010 年新生代农民工概念首次作为官方话语出现在"中央一号文件"中，并于国家政策层面对该群体的发展作出了初步的制度安排。本研究将新生代农民工定义为 1980 年后出生，居住在城镇并从事非农业生产的农村户籍人员。

对比第一代农民工，新生代农民工呈现出较为典型的"三高一低"的特征，即有较高的文化程度、有较高的物质精神要求、较高的职业期望以及较低的工作耐受力（韩玉梅，2012）[②]。由于九年义务教育的普及，新生代农民工文化程度较父辈显著提高，且由于毕业后立即投入劳动力市场，无相应务农经历，因而乡土记忆较为淡薄，对家乡及土地依恋程度较低；由于接受一定教育以及城市体验，新生代农民工维权意识有所提高，且维权手段更为理性（张俊，2013）[③]。

[①] 王春光：《新生代农村流动人口的社会认同与城乡融合的关系》，《社会学研究》2011 年第 3 期。

[②] 韩玉梅：《新生代农民工市民化问题研究》，博士学位论文，东北农业大学 2012 年。

[③] 张俊：《基于心理契约的新生代农民工就业问题研究》，博士学位论文，山东大学 2013 年。

第三节　新生代农民工自我身份认同现状

一、理论基础：身份认同的理论基础

认同（Identity）一词始源与拉丁文 Idem（相同、同一之意），最早由弗洛伊德提出。认同含有多种含义，Erikson（1964）[1] 首次将认同概念引入心理学，并随即广泛应用于各个学科，成为当代社会学科最具有影响力的概念之一（Kovel，1988）[2]。该概念的研究早期以哲学范式为主，随着不同学术领域的分化，认同相关研究按照主体的发展分为以主体为本体核心的个体身份认同以及以社会为核心的社会身份认同（陶家俊，2004）[3]。

1. 自我认同理论

作为自我认同理论的创始人，Erikson（1964）将人生划分为八个阶段，并指出不同阶段均具有不同的发展任务，而青春期的核心任务则为自我认同的形成。自我认同作为人格的本质包含对意识形态及价值观等的承诺，其形成标志着自我的成熟及发展。此外，Erikson 提出若个体无法将之前各阶段的认同整合成连续一致的个人完型，则可能导致产生认同混淆（Identity Confusion），或者部分个体原有的认同模式与社会要求差距较大而无法融合，可能产生消极认同（Negative Identity）。若产生较为严重的混淆时个体需要时间进行自我综合，这段时间称之为心理社会延

---

① Erikson, E. H., 1964, "A memorandum on identity and Negro youth", *Journal of Social Issues*, Vol. 20 (4), pp. 29–42.

② Kovel, J., 1988, *The Radical Spirit*：*Essays on Psychoanalysis and Society*, Free Association Books.

③ 陶家俊：《身份认同导论》，《外国文学》2004 年第 2 期。

缓期。

Marcia（1980）[①] 基于 Erikson 同一性理论的基础上建立自我同一状态理论模型。该模型根据个体探索（Exploration）及承诺（Commitment）的程度将认同状态进行操作性定义，并提出成就型认同、延缓型认同、排他型认同以及弥散型认同四种认同状态。Marcia 所给出的操作性定义为后续实证研究奠定了基础。此后大量学者基于 Marcia 的定义从不同角度对个体认同进行研究及演绎，但更为强调社会环境因素与个体内部特征间的作用。

2. 社会认同理论

与自我认同理论相对应的社会认同理论起源于欧洲，Tajfel（1978）[②] 基于当时历史现状依据社会知觉方式对种族主义、偏见歧视的认知基础上提出社会认同理论。Tajfel 指出个体会依据社会评价将群体划分为不同团体，并依据评价确定自我身份且言行趋同于所属团体以努力获得和维持积极的社会认同。区别于个体认同，社会认同是特定社会群体或者类别对群体共同的描述。该理论强调拥有共同的信仰、价值和行动是成为群体成员的重要特征，而这些要素是区分自我和他者、不同群体之间关系的重要认定。理论指出社会认同包括社会类化（Categorization）、社会比较（Comparison）以及积极区分（Positive Distinctiveness）。在社会类化中个体通过将对象进行分类划分出内群体（Ingroups）及外群体（Out-groups），并通过辨识所属群体而保持行为的一致性。其次，群体成员通过将自己所在群体与其他群体进行社会比较而找到所在群体的优势，进而更能积极地认识自身，提高自尊水平（张淑华，2012）[③]。Mullen 等学

① Marcia, J. E., 1980, "Identity in adolescence", *Handbook of Adolescent Psychology*, pp. 159-187.

② Tajfel, H., 1978, *Differentiation between Social Groups: Studies in the Social Psychology of Intergroup Relations*, Academic Press, London.

③ 张淑华、李海莹、刘芳：《身份认同研究综述》，《心理研究》2012 年第 5 期。

者（1992）① 指出无论是否存在外部刺激因素，群体成员尤其是具有较高地位的群体成员更倾向于认为所属群体优于其他群体，即内群体偏好，从而将所属群体积极区分并因此而导致群体歧视甚至群体冲突。但当群体间边界存在渗透性时，较为弱势的群体存在群体认同及内群体偏好降低的可能性，并通过调整行为方式加入更高地位的群体以获得更高的群体认同感（Wright & Taylor，1990）②。

3. 社会情景理论

社会情境理论指出个人及群体的观念、认知和行为受生活场域的影响。当代社会中城市及农村作为对立的两极，拥有其特有的兴趣、利益以及社会组织，并共同构建为相互对立及互补的世界。区别于农村，城市作为新观念和新形式的主要场所及力量，在社会结构、生产方式、行为模式以及价值观念上与农村存在较大差异。该差异导致二者间流动的群体在社会角色、社会身份和社会地位等方面产生了相应的变化。因此，认同的内在机制也归因于主体在不同生活场域中的认知及体验。

4. 社会记忆理论

社会记忆理论强调自我认同随个人记忆及经历而产生变化。记忆与身体实践存在紧密联系，不同的个体行为及经历将沉淀积累并形成不同的社会记忆，这种记忆成为个体行为的逻辑、个体在特定场合下的社会行为习惯以及社会资本，并直接关系到不同个体的自我认识和群体归属感。因此，个体的成长及生活经历，将内化为记忆并进一步物化为认同

① Mullen, B., Brown, R., Smith, C., 1992, "Ingroup bias as a function of salience, relevance, and status: An integration", *European Journal of Social Psychology*, Vol. 22 (2), pp. 103-122.

② Wright, S. C., Taylor, D. M., Moghaddam, F. M., 1990, "Responding to membership in a disadvantaged group: From acceptance to collective protest", *Journal of Personality and Social Psychology*, Vol. 58 (6), p. 994.

的外在力量。

二、身份认同定义

身份（Role）作为个体及社会关系间的枢纽，是个体对出身及身处社会群体地位的认知和标识。个体通过身份来实现自我价值，而社会通过不同身份设定来维持稳定发展。社会学领域中 Linton（1936）[①] 首先提出了身份的经典定义，指出身份为主体在特定社会结构模式中所占据的位置。此后对身份的理解也多基于社会学角度，将身份看作个人在社会中地位及位置的称谓及标识，是公民权利的社会配置与认同（张静，2006）[②]。认同过程中一方面是个体与他人相似的过程，而另一方面则是与他人相互区分的过程。因此，身份认同不仅界定出个体及群体的范围，也确定了个体在群体中的身份。身份认同理论是基于自我认同理论及社会认同理论演变而得。

对于身份认同中社会结构与自我认知的作用机制不同学者从不同方向进行研究论证。Stryker（1980）[③] 指出自我认识源自社会互动，由于所处社会背景的复杂性个体可以拥有众多不同的角色身份。当其标示并明确自身社会位置后则会产生一定的心理预期并影响其角色行为。此外，由于个体可同时拥有不同的身份，不同角色的认同显著性（Identity Salience）也依照角色重要程度有所不同。个体基于某一身份认同程度愈高，则对该身份承诺程度愈高，投入愈多，并更可能产生与该身份一致的行为。区别于 Stryker 的理论，Burke 等学者（Burke & Reitzes，1981[④]；

---

① Linton, R., 1936, *The Study of Man*: *An Introduction*.

② 张静：《身份：公民权利的社会配置与认同》，《光明日报》2009 年 10 月 27 日。

③ Stryker, S., 1980, *Symbolic Interactionism*: *A Social Structural Version*, Benjamin-Cummings Publishing Company.

④ Burke, P. J., Reitzes, D. C., 1981, "The link between identity and role performance", *Social Psychology Quarterly*, pp. 83-92.

Burke，Brief & George，1993①）指出个体行为并非严格受社会情景及对角色的认识引导，而是处于互动的动态关系中。身份认同是一种自我调节机制，个体基于自我认知与社会情景界定所拥有的身份，并通过他人行为反应不断调整或改变情景以获得身份意义与行为的一致。Burke 将理论具体化并提出包含认同标准（Identification Standard）、输入（Input）、比较（Comparator）以及输出（Output）的认同控制模型。

三、身份认同的维度

有关身份认同结构的划分尚未有统一的标准，就现有研究结果而言，身份认同的结构主要包括二维结构以及三维结构。张舜（2010）②研究指出，认同所涉及的众多领域主要分为社会认同与自我认同。社会认同是指个人的行为思想与社会规范或社会期待趋于一致，表现为三个层面，即价值认同、职业认同和角色认同。价值认同是职业认同及角色认同的基础，职业认同及角色认同是价值认同的表现形式。国内亦有其他学者依据认同对行为影响的性质将身份认同划分为积极认同以及消极认同的二维结构，该划分显示了认同结构的认知、情感及行为成分。其中，积极认同包括角色定向、角色适应以及情感体验三个建构因素；而消极认同包括角色对抗、角色冲突和角色懈怠三个构成要素。

此外，部分学者也对身份认同的三维结构进行探索。夏四平（2008）③ 从社会心理学角度指出角色认同包括归属认同、归属情感和归

---

① Burke, M. J., Brief, A. P., & George, J. M., 1993, "The role of negative affectivity in understanding relations between self-reports of stressors and strains: a comment on the applied psychology literature", *Journal of Applied Psychology*, Vol. 78（3），p. 402.

② 张舜：《大学生村官的身份认同研究》，硕士学位论文，华东政法大学 2010 年。

③ 夏四平：《农民工社会认同的特点研究》，硕士学位论文，西南大学 2008 年。

属评价三个维度，归属认同指感知到自己所属的社会群体后，将自己视为是该群体成员之一的认同过程；归属情感是个体在将把自己归入群体时所产生的情感卷入程度；归属评价指理解和共享该群体的社会价值评价意义。

四、新生代农民工身份认同及困境

随着我国农民工城市融合进程的发展，农民工的身份认同逐渐成为学者关注的问题，并且已有一定的研究结果。传统的城乡二元结构及制度约束使农民工陷入身份认同的困境，其身份认知不可避免地受到乡土记忆、进城期望和城市体验的影响，而制度障碍、土地牵制、交往局限、社会歧视阻碍了滞留型农民工的身份转换与身份认同。然而，在农民工代际转换之际，这种困境及冲突愈发明显，新生代农民工及其身份认同出现了许多不同于上一代农民工的新特征。中国长期以来的二元社会结构及传统户籍制度将个体进行划分，赋予了他们农民身份。与城市群体相比，农民工常在社会交往及就业等方面遭受不平等待遇，遭受到歧视甚至排斥，因而在知觉层面仍意识到自己农民的身份；但同时新生代农民工因远离土地，缺乏务农谋生手段，其在思想观念及生活观念上趋近于城市群体，并在言行举止及外貌等方面已具备城市群体的特征，与传统农民身份日渐疏远。这种认知层面的冲突与困境容易引发一系列冲突及越轨行为，最终导致工作心理行为的破裂。

正确的自我身份认同能够对新生代农民工的职业规划、发展定位以及融入城市等行为产生正向激励。对自身身份认同存在偏差不仅将影响新生代农民工个体的生存和发展，也将影响组织的发展及运作，以及我国经济发展以及工业化、城镇化的推进。

第四节　心理契约的建立、破裂及违背

一、心理契约概念

心理契约的概念最早于 1960 年提出，美国组织行为学家 Argyris[①] 在其著作《理解组织行为》一书中首次运用心理的工作契约（Psychological Work Contract）来描述一个工厂中雇员和雇主之间的关系。Argyris 认为，随着职位的升迁，工头渐渐意识到如果要求工人按照工头自己所期望的工作方式去工作，最有效的途径是维持非正式的员工文化和不偏离组织文化规范行事。若工头可以给予员工稳定的工作、工资以及一定的自主权，员工则会保持较高的产出以及较低的不满情绪。Argyris 将心理的工作契约定位为双向的、内在的契约形式，但是其并未对心理契约的概念进行明确的定义和对其研究范围进行界定。

Levinson 等人（1962）[②] 于实证研究中，明确提出心理契约是"组织与员工之间隐含的、未公开说明的相互期望的总和"，用于强调产生于双方关系之前的一种内在的、未曾表述的期望。Levinson 首次对心理契约进行明确的界定，被称之为"心理契约之父"。心理契约作为雇佣双方之间的未书面化的契约（Unwritten Contract），是"组织与个体间未清晰意识到，但存在于双方关系间相互期望的总和"。其中部分期望相对更容易察觉及理解（例如工资等），而部分期望相对较为间接及模糊（如长期发展及晋升）。Levinson 等学者提出的心理契约包含个体水平层面以及组织水平层面，不同水平层面的理解会导致对心理契约的概念界定存在一定

---

① Argyris, C., 1960, *Understanding Organizational Behavior*, London：Tavistock Publication.
② Levinson, H., Price, C. R., Munden, K. J. & Solley, C. M., 1962, *Men*, *Management*, *and Mental Health*, Cambridge. MA：Harvard University Press.

偏差。

Schein（1965）[1] 基于 Argyris 及 Levinson 的研究对心理契约有更为明确的界定。在其研究中心理契约被定义为"存在于组织管理者、成员以及其他个体中未书面化的系列期望"。Schein 指出心理契约应包含个体及组织两个层面，而个体及组织均对对方抱有一定的期望。该定义为后续古典学派的理论奠定了基础。此后，Kotter（1973）[2] 进一步提出心理契约是个体与组织间的一种内隐协议，内容涵盖双方在关系存续期间期望付出及获得的内容。

20 世纪 80 年代学者对心理契约概念的理解及研究产生分歧，并逐渐形成两类流派。以 Guest，Conway，Herriot 和 Pemberton 等人为代表的英国学者强调应遵循心理契约提出时的原意，强调心理契约应涵盖个体和组织两个方面，认为心理契约是"工作心理行为双方，即组织和个体对关系中所包含的义务和责任的理解和感知"（Herriot & Pemberton，1997[3]；Guest & Conway，1998[4]）。此类定义均秉承心理契约是交换关系主体双方，即组织和员工个体的双向期望，被称为心理契约的广义概念，而该定义的支持学者被称为"古典学派"。由于广义的心理契约是雇佣双方基于各种形式的承诺对交换中彼此的义务的主观理解，但不同主体对期望的理解并不一致，因此容易造成内容的不唯一性，实证研究难以开展。因此，相对应的"狭义定义"的提出解决了实证研究面临的困境并获得了更多学者的认同。

Rousseau，Robinson 等学者指出心理契约的研究应集中在员工水平，

---

[1] Schein, E. H., 1965, *Organizational Psychology*, Englewood Cliff, NJ: Prentice Hall.

[2] Kotter, J. P., 1973, "The psychological contract", *California Management Review*, Vol. 15 (3), pp. 91-99.

[3] Herriot, P., Pemberion, C., 1997, "Facilitating new deals", *Human Resource Management Journal*, Vol. (7), pp. 45-56.

[4] Guest, D., Conway, N., 1998, *Fairness at Work and the Psychological Contract* (*Issues in People Management*), London: Institute of Personnel and Development.

是个体对双方交换关系中彼此义务的主观理解（Rousseau，1990[1]；Robinson，Kraatz & Rousseau，1994[2]；Morrison & Robinson，1997[3]）。相对个体而言，组织是抽象概念；并不能与其成员形成心理契约，而仅能为个体提供相应环境及背景。Robinson（1994）等基于上述理论进一步指出这种主观理解或者信念指员工对个体贡献（能力、努力或忠诚等）及组织诱因（薪资、晋升等）之间交换关系的承诺及理解。这类将心理契约的界定由双向信念限定为单向信念的概念被统称为心理契约的"狭义定义"，而持有该观点的学者被统称为"Rousseau"学派。

二、心理契约的维度

心理契约是雇员对于工作心理行为中双方责任的期望以及理解，且心理契约内容极其丰富，对心理契约所包含的内容要素进行分析及归纳以得出心理契约的一般结构维度具有重要的意义。

MacMeil（1985）[4] 最早提出心理契约的二维结构，其认为契约关系中包含交易型（Transactional）和关系型（Relational）两种形式。Rousseau（1990；1994）认为契约关系的分类同样可以运用于心理契约，并通过实证研究的方法对心理契约进行维度分析，将心理契约划分为基于经济交换的"交易型契约"以及基于社会情感的"关系型契约"。"交易型契约"主要体现为具体的、基于物质利益的契约关系，包括员工以工作投入及现有技能换取相应回报、奖励及职业发展。"关系型契约"则

---

① Rousseau, D. M., 1990, "New hire perceptions of their own and their employer's obligations: A study of psychological contracts", *Journal of Organizational Behavior*, Vol. (11), pp. 389-400.

② Robinson, S. L., Rousseau, D. M., 1994, "Violating the psychological contract: Not the exception but the norm", *Journal of Organizational Behavior*, Vol. (15), pp. 245-259.

③ Morrison, E. W., Robinson, S. L., 1997, "When employees feel betrayed: A psychological model of how contract violation develops", *Academy of Management Review*, Vol. (22), pp. 226-256.

④ MacNeil, I. R., 1985, "Relational contract: what we do and do not know", *Wisconsin Law Review*, Vol. 10, pp. 483-525.

主要强调双方相互依赖、忠诚及信任，是抽象的、主观的、长期的内隐契约关系。Robinson、Kratzz 和 Rousseau（1994）[1] 在 Rousseau（1990）的问卷基础上提取出"交易因子"以及"关系因子"，并验证这两个因子在总体上较为稳定。Millward（1998）[2] 等其他学者的研究也验证了 Rousseau 等人提出的心理契约二维结构。"交易—关系"二维模型在西方得到一定实证检验的支持。

针对心理契约二维结构的研究除"交易—关系"模型外，其他学者也提出了不同的模型结构。Kickul 及 Lester（2001）[3] 通过对在职 MBA 学员进行调查分析提取出内在契约（Intrinsic Contract）及外在契约（Extrinisic Contract）双因素。其中内在契约指雇主所提供的与员工工作性质相关的承诺，包括提供组织支持、自我决策及控制等，而外在契约涉及雇主所提供的与员工工作完成相关的承诺，例如工作环境、工作时间及薪酬等。

随着对心理契约研究的深入，中国学者也逐渐开展基于中国情景的心理契约实证研究。陈加洲、凌文辁和方俐洛（2001；2003）[4][5] 在 Rousseau 研究用问卷的基础上，结合我国组织实际情况开发出针对中国员工的心理契约的研究问卷，通过对数据进行因子分析发现类似于交易成分以及关系成分的因子。但由于文化背景差异，我国员工在心理契约内容上与西方研究结果有显著差异，两个因子被命名为"现实责任"以及"发展责任"。

尽管大量实证研究结果支持二维结构存在，部分研究学者指出心理

---

[1]　Robinson, S., Kraatz, M., Rousseau, D., 1994，"Changing obligations and the psychological contract: A longitudinal Study", *Academy of management Journal*, Vol. 37, pp. 137–152.

[2]　Millward, L. J., Hopkins, L. J., 1998, "Psychological contracts, organizational and job commitment", *Journal of Applied Social Psychology*, Vol. 28 (16), pp. 1530~1556.

[3]　Kickul, J., Lester, S. W., 2001, "Broken promises: Equity sensitivity as a moderator between psychological contract breach and employee attitudes and behavior", *Journal of Business and Psychology*, Vol. 16 (2), pp. 191–217.

[4]　凌文辁、张治灿、方俐洛：《影响组织承诺的因素探讨》，《心理学报》2001 年第 3 期。

[5]　凌文辁、杨海军、方俐洛：《企业员工的组织支持感》，《心理学报》2006 年第 2 期。

契约包括三个维度，但交易型以及关系型心理契约核心维度仍然涵盖其中。Rousseau 和 Tijoriwala（1998）[①] 选取美国注册护士为样本进行心理契约维度的研究，并提出心理契约由"交易维度"（Transaction Dimension）、"关系维度"（Relational Dimension）以及"团队成员维度"（Team-player Dimension）构成。其中交易维度指组织为员工提供经济及物质利益，而员工则承担相应的任务及职责；关系维度指双方共同构建长远和稳定的发展关系；团队成员维度则指组织与员工维持良好的人际关系。Lee、Tinsley 和 Chen（1999）[②] 在一项以香港和美国的工作团队为样本的跨文化研究中，发现员工责任以及组织责任由"交易成分"（Transaction Component）、"关系成分"（Relational Component）以及"团队成员成分"（Team-player Component）组成，研究结果支持了 Rousseau（1996）等人的研究成果。Shapiro 及 Kessler（2000）[③] 通过实证研究方法提取出"交易责任"（Transactional Obligations）、"培训责任"（Training Obligations）以及"关系责任"（Relational Obligations）三因素。

在心理契约中国情景化研究中也有部分学者提出了心理契约的三维度结构模式。李原等（2006）[④] 也通过实证研究验证中国员工的心理契约由"规范性责任""人际型责任""发展型责任"三个维度组成。基于中国文化背景，中国员工除了强调当前利益交易的责任以及满足事业发展的责任外，还需要"存在"于社会关系中，社会联系和人际支持的责任也非常重要。

---

① Rousseau, D. M., Tijoriwala, S. A., 1998, "Assessing psychological contracts: Issues, alternatives and measures", *Journal of Organizational Behavior*, Vol. (19), pp. 679-695.

② Lee, C., Tinsley, C. H., 1999, "Psychological normative contract sofwork group member in the USA and Hongkong", WorkingPaper.

③ Coyle-Shapiro, J. A. M., Kessler I., 2000, "Consequences of the psychological contract for the employment relationship: A large scale survey", *The Journal of Management Studies*, Vol, 39 (7) pp. 903-930.

④ 李原、郭德俊：《组织中的心理契约》，《心理科学进展》2002 年第 1 期。

三、心理契约的破裂及违背

区别于正式契约，心理契约会随着时间以及条件的变化而发生改变。随着全球经济一体化进程的不断加快，企业间竞争不断加剧，组织重组、并购、外包、裁员等频繁发生。组织的变革对员工及组织间的工作心理行为和依赖于工作心理行为而存在的心理契约产生了巨大的影响（Morrison 和 Robinson，1997）[1]。传统的工作心理行为中员工通过努力以及忠诚换取稳定的工作环境这一模式已逐渐瓦解，员工意识到外部的不确定性会导致组织可能难以履行或不予履行对员工应负有的责任，这样就产生了"心理契约破裂"（Psychological Contract Breach）以及"心理契约违背"（Psychological Contract Violation）。如今心理契约破裂及违背现象极为普遍。

在研究初期，"心理契约破裂"和"心理契约违背"概念常被混淆，许多学者认为二者在概念上是等同的，即员工对组织未履行心理契约中责任或承诺的感知（Zhao 等，2007）[2]。随后不断有学者指出两个概念的不同之处。Morrison 和 Robinson（1997）提出心理契约违背不仅指员工认知到组织未履行其在心理契约中应尽的组织责任，还蕴含更为强烈的情感体验，以失望及愤怒为其主要特征。心理契约的破裂及违背之间存在更为复杂的认知及信息解释过程，从员工感知心理契约破裂到最终感知心理契约违背这一连续过程中，都受到员工个体信息收集及加工的影响。因此，心理契约破裂主要指个体对组织未能完成其应履行的责任的认知评价，是认知阶段的表现；而心理契约违背则源自于个体基于对违约认知基础上产生的情绪体验，属于情感阶段的表现，其核心是愤怒以及失望。Mrrison 等学者将心理契约破裂及违背的概念区分开来，对心理契约

---

① Morrison, E. W., Robinson, S. L., 1997, "When employees feel betrayed: A psychological model of how contract violation develops", *Academy of Management Review*, Vol. (22), pp. 226-256.

② Zhao, Z., 2010, "Migration, labor market flexibility, and wage determination in China: a review", *Developing Economies*, Vol. 43 (2), pp. 285-312.

的研究起到了积极推动的作用。

迄今对心理契约破裂及违背机制的研究主要有 Morrison（1997）[①] 等提出的心理契约违背形成模型以及 Turnley 等（1998）[②] 提出的差异模型。心理契约违背形成模型指出从感知到违背须经历承诺未履行、契约破裂及契约违背三个阶段（图 2-1）。心理契约违背的根本原因包括无力兑现、食言以及对承诺理解歧义，但对承诺未履行的感知受到警惕性及显著性影响。个体警觉性较低，或某项承诺及权利义务关系的重要性不高，其对心理契约破裂及违背的认知过程影响较小。心理契约违背形成模型从时间序列的先后以及认知评价的不同来界定心理契约破裂及违背的差异，但二者对承诺违背的感知并非严格遵循时间顺序，且该模型对不同认知评价的产生以及相应心理行为反应并未做出解释。

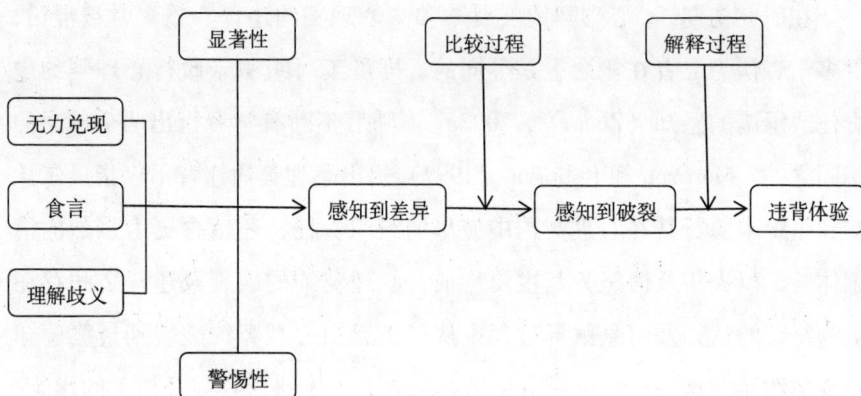

图 2-1　Morrison 和 Robinson（1997）的心理契约违背形成过程模型（精简）

---

① Morrison, E. W., Robinson, S. L., 1997, "When employees feel betrayed: A psychological model of how contract violation develops", *Academy of Management Review*, Vol. (22), pp. 226-256.

② Turnley, W. H., & Feldman, D. C., 1998, " Psychological contract violations during corporate restructuring", *Human Resource Management*, Published in Cooperation with the School of Business Administration, The University of Michigan and in alliance with the Society of Human Resources Management, Vol. 37 (1), pp. 71-83.

第三章　新生代农民工人口学
特征变量的差异分析

作为改革开放进程中成长起来的新型劳动主体，新生代农民工相较第一代农民工及其他类型员工而言，具有鲜明的时代烙印以及特征。其年龄、受教育水平、户籍状况及其他人口学特征变量对本研究变量均会产生一定的影响。因此，在展开对各研究假设验证之前，需对新生代农民工人口学特征变量进行分析，探讨其对各类研究变量所产生的影响。

本研究所涉及的人口学特征变量主要包括性别、年龄、婚姻状况、户籍区域、户籍性质、年龄、学历以及工作年限。所有人口学特征变量均采用编码测量，变量均含有两个或以上类别。研究主要采用独立样本 T 检验以及单因素方差分析（One-way ANOVA）等方法对人口学特征变量会对研究变量产生的影响进行分析。

第一节　性别在新生代农民工各研究
变量中的差异分析

因年龄划分为男性及女性两类别，因此针对性别对各变量影响的分析采用独立样本 T 检验的方法。研究结果（表 3-1）显示性别差异对身份认同、心理契约破裂、情感承诺以及离职意愿存在显著差异。其中，除却情感承诺变量外其他变量男性均值均高于女性均值。其原因可能为中国传统文化对新生代农民工群体仍然具有较深的影响。男性群体对于社会认同及自我价值的认可更为注重,因此当组织违背承诺时男性群体对心理契约的破裂及违背感知更为强烈,离职意愿也更加明显。相较男性群体而言,女性群体更倾向于情感层面交流,对所属组织予以更多的情感承诺。

表 3-1　性别对中介变量、调节变量及结果变量影响分析（N＝1223）

变量		性别	均值	方差齐次检验			均值差异检验			是否存在显著差异
				F 值	显著性水平	是否齐次	t 值	显著性水平	均值差	
中介变量	身份认同	男	4.4417	2.496	0.114	是	2.624	0.009	0.11918	是
		女	4.3226							
	心理契约破裂	男	0.9579	0.233	0.630	是	3.153	0.002	0.19468	是
		女	2.7632							
调节变量	产业园区完善度	男	4.0337	4.806	0.029	是	-1.666	0.096	-0.08049	否
		女	4.1142							
结果变量	情感承诺	男	3.6942	14.623	0.000	是	-3.150	0.002	-0.19545	是
		女	3.8896							
	角色内行为	男	4.6532	2.304	0.129	是	1.251	0.211	0.05771	否
		女	4.5955							
	离职意愿	男	3.1904	0.817	0.366	是	2.264	0.024	.15729	是
		女	3.0331							
	工作满意度	男	3.8939	0.918	0.338	是	-1.428	0.154	-0.07204	否
		女	3.9659							

注：p 值在 0.05 水平显著。

第二节　年龄在新生代农民工各研究变量中的差异分析

因本研究调查对象为新生代农民工,因此在开展调查时对年龄有一定的限制。我国劳动合同法规定法定劳动年龄必须达到 16 周岁，而新生代农民工的定义为 1980 年后出生，具有农业户籍但在城市居住工作的进城务工人员（王春光，2001）[①]，综合各项要求本研究将年龄划分为 16—20 岁、21—25 岁、26—30 岁以及 31—35 岁四个类别，并采用单因素方差分析进行分析。

由表 3-2 可知，在置信度为 0.95 下，年龄对身份认同、心理契约破裂以及产业园区完善度未产生显著影响，而对情感承诺、角色内行为、离职意愿以及工作满意度产生显著的影响，即不同年龄段的新生代农民工的情感承诺、角色内行为、离职意愿以及工作满意度显著不同。

表 3-2　年龄的单因素方差分析（N=1223）

			离差平方和	df	方差	F	Sig.	是否存在显著差异
中介变量	身份认同	组间	2.490	3	0.830	1.312	0.269	否
		组内	771.154	1219	0.633			
		总和	773.645	1222				
	心理契约破裂	组间	4.298	3	1.433	1.884	0.130	否
		组内	926.715	1219	0.760			
		总和	931.013	1222				
调节变量	产业园区完善度	组间	1.416	3	0.472	0.661	0.576	否
		组内	870.940	1219	0.714			
		总和	872.356	1222				
结果变量	情感承诺	组间	21.805	3	7.268	6.219	0.000	是
		组内	1424.609	1219	1.169			
		总和	1446.414	1222				

---

①　王春光：《新生代农村流动人口的社会认同与城乡融合的关系》，《社会学研究》2011 年第 3 期。

续表

			离差平方和	df	方差	F	Sig.	是否存在显著差异
结果变量	角色内行为	组间	20.699	3	6.900	10.877	0.000	是
		组内	773.285	1219	0.634			
		总和	793.984	1222				
	离职意愿	组间	27.021	3	9.007	6.162	0.000	是
		组内	1781.856	1219	1.462			
		总和	1808.877	1222				
	工作满意度	组间	10.122	3	3.374	4.371	0.005	是
		组内	940.847	1219	0.772			
		总和	950.969	1222				

注：p值在0.05水平显著。

    针对情感承诺、角色内行为、离职意愿以及工作满意度进行多重比较，可得表3-3（仅列举均值差异显著项）。分析结果表明，31—35岁年龄段的新生代农民工对组织的情感承诺、角色内行为及工作满意度各项指标均高于其他年龄段，而离职意愿则显著低于21—25岁年龄段的新生代农民工。其原因可能为该年龄段员工处于职业生涯的成长时期或者成熟时期，由于已具有一定的工作经历，其对组织内交换的理解不仅停留在经济层面，能够更多地感受到来自组织的职业支持及组织承诺，因此对组织也给予更多的情感承诺。此外，该年龄段农民工也意识到更好的角色内行为能获得组织更多的经济支持及更好的职业发展，相对应对目前的工作也较为满意。而21—25岁年龄段的农民工由于刚进入劳动力市场，对自身的定位及职业规划均较为模糊，对工作的定位更多停留在获取更多的经济回报的层面。因此，当目前的工作未能够达到其经济期望时，离职意愿更为强烈。

表 3-3　年龄的多重比较分析（N=1223）

变量	（I）年龄	（J）年龄	均值差（I-J）	标准误差	Sig.
情感承诺	16—20 岁	31—35 岁	-0.49206*	0.13888	0.006
	21—25 岁	31—35 岁	-0.29133*	0.08620	0.010
角色内行为	16—20 岁	26—30 岁	-0.37359*	0.09662	0.002
		31—35 岁	-0.40054*	0.10232	0.002
	21—25 岁	26—30 岁	-0.22123*	0.05384	0.001
		31—35 岁	-0.24817*	0.06351	0.002
离职意愿	21—25 岁	31—35 岁	0.39925*	0.09641	0.001
工作满意度	21—25 岁	31—35 岁	-0.24132*	0.07006	0.008

注：p 值在 0.05 水平显著。

第三节　户籍在新生代农民工各研究变量中的差异分析

　　农民工作为我国二元户籍制度的产物，为城市发展及建设做出了巨大贡献。珠江三角区作为农民工分布的主要聚集区域之一，为大量外省农业户籍劳动力提供了就业机会。此外，本省农业户籍劳动力也离开土地，进入城镇从事非农业工作。广义的农民工群体既包括进入本地企业就业的农村劳动力，也包括离土又离乡的外来务工农村劳动力（陈素琼、张广胜，2011）[①]。因此本研究将户籍状况划分为广东省内户籍及广东省外户籍，并采用独立样本 T 检验不同户籍状况对各变量产生的影响。

　　分析结果（表 3-4）表明，户籍状况差异对身份认同的影响存在显著差异，对其他变量的影响则无显著差异。数据显示广东省外户籍的新生代农民工对自身农民身份的认同高于广东省内户籍的群体，其原因在

---

　　① 陈素琼、张广胜：《中国新生代农民工市民化的研究综述》，《农业经济》2011 年第 5 期。

于本地就业的广东省内户籍新生代农民工离开土地从事非农业生产，乡土记忆较为薄弱；所在地域经济发展水平相对较高，较为丰富的城市体验也帮助其更好地融入城市生活；且由于对本地环境的熟悉使其能够获得更多的社会资源（彭远春，2007）[①]。因此本省户籍的新生代农民工对其农民身份的认同较低，而更多愿意认可其市民身份。

表 3-4　户籍对中介变量、调节变量及结果变量影响分析（N = 1223）

变量		户籍	均值	方差齐次检验			均值差异检验			是否存在显著差异
				F 值	显著性水平	是否齐次	t 值	显著性水平	均值差	
中介变量	身份认同	广东省内	4.3276	0.122	0.727	是	-2.284	0.023	-0.10387	是
		广东省外	4.4315							
	心理契约破裂	广东省内	3.0203	0.233	0.629	是	1.192	0.234	0.05956	否
		广东省外	2.9607							
调节变量	产业园区完善度	广东省内	3.8267	1.451	.229	是	0.099	0.921	0.00479	否
		广东省外	3.7580							
结果变量	情感承诺	广东省内	3.6942	14.623	0.000	是	1.103	0.270	0.06869	否
		广东省外	3.8896							
	角色内行为	广东省内	4.6391	0.003	0.955	是	0.584	0.559	0.02698	否
		广东省外	4.6121							
	离职意愿	广东省内	3.1268	0.113	0.737	是	0.426	0.670	0.0297	否
		广东省外	3.0971							
	工作满意度	广东省内	3.9022	0.000	0.985	是	-1.047	0.295	-0.05290	否
		广东省外	3.9551							

注：p 值在 0.05 水平显著。

[①]　彭远春：《论农民工身份认同及其影响因素》，《人口研究》2007 年第 2 期。

第四节　婚姻状况在新生代农民工各研究变量中的差异分析

由于调查对象新生代农民工年龄介于 16—35 岁，因此本研究将婚姻状况划分为已婚已育、已婚未育以及未婚未育三种类别，并采用单因素方差分析对婚姻状况进行分析。分析结果（表 3-5）显示，在置信度为 0.95 下婚姻状况对身份认同、心理契约破裂以及产业园区完善度未产生显著影响，而对情感承诺、角色内行为、离职意愿以及工作满意度产生显著的影响，即不同婚姻状况的新生代农民工其情感承诺、角色内行为、离职意愿以及工作满意度显著不同。

表 3-5　婚姻状况的单因素方差分析（N=1223）

			离差平方和	df	方差	F	Sig.	是否存在显著差异
中介变量	身份认同	组间	3.032	2	1.516	2.400	0.091	否
		组内	770.612	1220	0.632			
		总和	773.645	1222				
	心理契约破裂	组间	1.689	2	0.845	1.109	0.330	否
		组内	929.324	1220	0.762			
		总和	931.013	1222				
调节变量	产业园区完善度	组间	3.935	2	1.967	2.764	0.063	否
		组内	868.421	1220	0.712			
		总和	872.356	1222				
结果变量	情感承诺	组间	26.381	2	13.191	11.332	0.000	是
		组内	1420.033	1220	1.164			
		总和	1446.414	1222				

			离差平方和	df	方差	F	Sig.	是否存在显著差异
结果变量	角色内行为	组间	4.906	2	2.453	3.792	0.023	是
		组内	789.079	1220	0.647			
		总和	793.984	1222				
	离职意愿	组间	39.527	2	19.763	13.627	0.000	是
		组内	1769.350	1220	1.450			
		总和	1808.877	1222				
	工作满意度	组间	8.754	2	4.377	5.667	0.004	是
		组内	942.215	1220	0.772			
		总和	950.969	1222				

注：p 值在 0.05 水平显著。

　　针对情感承诺、角色内行为、离职意愿以及工作满意度进行多重比较，可得表 3-6（仅列举均值差异显著项）。分析结果显示婚姻状态为已婚已育的新生代农民工对组织的情感承诺、角色内行为及工作满意度三方面均值均高于未婚未育状态的新生代农民工，而在离职意愿维度则显著低于未婚未育状态的新生代农民工。已婚已育状态的新生代农民工由于其背负家庭及抚养子女的责任义务，更需要来自组织的支持，因此对于组织归属感及组织支持的感知更为敏感，对现有工作的满意程度更高。此外，由于生活成本的增加，已婚已育的新生代农民工对经济的需求相应增加，更好的角色内行为意味着其获得更多经济收入的可能性也相应增加。而区别于已婚状态的新生代农民工，未婚未育状态的新生代农民工其抚养家庭的责任及经济压力相对较小，因此离职寻找更好的发展以及更高的经济收入的可能性相对更高，离职意愿较已婚已育及已婚未育的群体也相应更高。

表 3-6　婚姻状况的多重比较分析（N=1223）

变量	(I)婚姻状况	(J)婚姻状况	均值差(I-J)	标准误差	Sig.
情感承诺	已婚已育	未婚未育	0.29986*	0.06388	0.000
角色内行为	已婚已育	未婚未育	0.13026*	0.04762	0.024
离职意愿	已婚已育	未婚未育	-0.36151*	0.07131	0.000
	已婚未育	未婚未育	-0.35081*	0.14216	0.048
工作满意度	已婚已育	未婚未育	0.16390*	0.05204	0.007

注：均值差的显著性水平为 0.05。

第五节　学历在在新生代农民工各研究变量中的差异分析

区别于第一代农民工，新生代农民工受教育程度普遍更高且视野更为开阔。新生代农民工成长于改革开放时期，受益于我国初等教育普及以及九年义务教育制度的实施，因此普遍接受了更为系统的文化教育（韩玉梅，2012）[①]。本研究参照我国现有教育体系，将学历划分为初中及以下、高中（中专）、大专、本科、研究生及以上五个类别，并采用单因素方差分析对学历水平进行分析。调查结果显示本次研究中 25.8% 的新生代农民工学历为初中及以下学历，41% 为高中或中专学历，20.9% 为大专学历，12.3% 为本科学历。调查结果显示大部分新生代农民工具有高中及以上学历。

由表 3-7 可得，在置信度为 0.95 下，学历水平对心理契约破裂、情感承诺、离职意愿以及工作满意度未产生显著影响，而对身份认同、产

① 韩玉梅：《新生代农民工市民化问题研究》，博士学位论文，东北农业大学 2012 年。

业园区完善度以及角色内行为产生显著的影响，即不同学历水平的新生代农民工的情感承诺、角色内行为及对产业园区完善度的感知均存在显著差异。

表 3-7　学历水平的单因素方差分析（N=1223）

			离差平方和	df	方差	F	Sig.	是否存在显著差异
中介变量	身份认同	组间	9.969	3	3.323	5.304	0.001	是
		组内	763.675	1219	0.626			
		总和	773.645	1222				
	心理契约破裂	组间	0.646	3	0.215	0.282	0.838	否
		组内	930.367	1219	0.763			
		总和	931.013	1222				
调节变量	产业园区完善度	组间	8.051	3	2.684	3.785	0.010	是
		组内	864.305	1219	0.709			
		总和	872.356	1222				
结果变量	情感承诺	组间	3.614	3	1.205	1.018	0.384	否
		组内	1442.800	1219	1.184			
		总和	1446.414	1222				
	角色内行为	组间	5.851	3	1.950	3.017	0.029	是
		组内	788.133	1219	0.647			
		总和	793.984	1222				
	离职意愿	组间	6.222	3	2.074	1.403	0.240	否
		组内	1802.654	1219	1.479			
		总和	1808.877	1222				
	工作满意度	组间	2.445	3	0.815	1.047	0.371	否
		组内	948.524	1219	0.778			
		总和	950.969	1222				

注：p 值在 0.05 水平显著。

针对身份认同、产业园区完善度以及角色内行为进行多重比较，可得表3-8（仅列举均值差异显著项）。

表3-8 学历水平的多重比较分析（N=1223）

变量	（I）学历	（J）学历	均值差(I-J)	标准误差	Sig.
身份认同	初中及以下	本科	0.29175*	0.07852	0.003
	高中（中专）	本科	0.26954*	0.07365	0.004
产业园区完善度	初中及以下	本科	0.24594*	0.08353	0.034
角色内行为	初中及以下	高中（中专）	-0.16527*	0.05780	0.043

注：p值在0.05水平显著。

分析结果表明，具有本科学历的新生代农民工对身份认同和产业园区完善度的感知显著低于其他学历的新生代农民工。而具有高中或中专学历的新生代农民工角色内行为则显著高于初中及以下学历的新生代农民工。原因可能为拥有本科学历的新生代农民工因为拥有较高的职业水平，其职能技能以及经济收入相对较高，且较长时间接受系统教育以及城市生活导致其乡土记忆逐渐淡化，农村户籍所带来的自我认同及社会认同困境降低，对农民身份的认同程度低于其他学历群体。对比接受较长时间教育的其他群体，初中及以下学历的新生代农民工其对自我价值的认知以及自我约束能力较低，绩效水平及工作参与度低于其他学历水平的新生代农民工。

第六节 工作年限在新生代农民工各研究变量中的差异分析

本研究依据新生代农民工的年龄限制将工作年限划分为0—3年、

4—6 年、7—10 年、11—15 年以及 15 年以上五个类别，并采用单因素方差分析对工作年限进行分析。

表 3-9 工作年限的单因素方差分析（N = 1223）

			离差平方和	df	方差	F	Sig.	是否存在显著差异
中介变量	身份认同	组间	7.194	4	1.798	2.858	0.023	是
		组内	766.451	1218	0.629			
		总和	773.645	1222				
	心理契约破裂	组间	3.053	4	0.763	1.002	0.405	否
		组内	927.960	1218	0.762			
		总和	931.013	1222				
调节变量	产业园区完善度	组间	5.850	4	1.462	2.056	0.084	否
		组内	866.506	1218	0.711			
		总和	872.356	1222				
结果变量	情感承诺	组间	11.099	4	2.775	2.355	0.052	否
		组内	1435.315	1218	1.178			
		总和	1446.414	1222				
	角色内行为	组间	12.329	4	3.082	4.803	0.001	是
		组内	781.655	1218	0.642			
		总和	793.984	1222				
结果变量	离职意愿	组间	33.154	4	8.288	5.685	0.000	是
		组内	1775.723	1218	1.458			
		总和	1808.877	1222				
	工作满意度	组间	8.007	4	2.002	2.586	0.036	否
		组内	942.962	1218	0.774			
		总和	950.969	1222				

注：p 值在 0.05 水平显著。

分析结果（表 3-9）显示，在置信度为 0.95 下，不同工作年限仅对身份认同、角色内行为以及离职意愿产生显著影响，即不同的工作年限其身份认同、角色内行为以及离职意愿存在显著差异。针对身份认同、角色内行为以及离职意愿进行多重比较（表3-10），分析结果表明工作年限较短的新生代农民工其对农民身份的认同及角色内行为显著低于工作年限较长的群体，而离职意愿则显著高于7—10年工作年限的新生代农民工。其原因可能为刚进入劳动力大军的新生代农民工年龄普遍偏小，其进城期望普遍较高，且对新鲜事物接受程度较高，能够更好地适应城市生活，因此倾向于不认同农民身份。由于刚进入职场，工作职责不明确，职业技能水平以及绩效水平有待提高。此外，随着工作年限的增长，新生代农民工从单纯追求更高收入转向自我定位以及更好的职业发展前景，离职意愿逐渐降低。

表3-10　工作年限的多重比较分析（N=1223）

变量	(I)工作年限	(J)工作年限	均值差(I-J)	标准误差	Sig.
身份认同	0—3 年	11—15 年	-0.22164*	0.07226	0.023
角色内行为	0—3 年	7—10 年	-0.21210*	0.06020	0.015
	0—3 年	11—15 年	-0.27403*	0.07934	0.018
离职意愿	0—3 年	7—10 年	0.35293*	0.09073	0.005
	4—6 年	7—10 年	0.29925*	0.09153	0.031

注：p 值在 0.05 水平显著。

第七节　本章小结

本章针对新生代农民工不同性别、年龄、户籍状况、婚姻状况、学历以及工作年限等方面对各变量的影响进行分析。研究采用独立样本 T 检验以及单因素方差分析进行检验，结果汇总见表3-11。

表 3-11　人口学特征变量对研究变量影响汇总（N=1223）

		中介变量		调节变量	后果变量			
		身份认同	心理契约破裂	产业园区完善程度	情感承诺	角色内行为	离职意愿	工作满意度
人口学特征变量	性别	√	√	×	√	×	√	×
	年龄	×	×	×	√	√	√	√
	户籍	√	×	×	×	×	×	×
	婚姻状况	×	×	×	√	√	√	√
	学历	√	×	√	√	×	×	×
	工作年限	√	×	×	×	√	√	×

注："√"表示存在显著差异；"×"表示无显著差异。

统计结果发现：性别差异对身份认同、心理契约破裂、情感承诺以及离职意愿产生显著影响，且除却情感承诺变量外其他变量男性均值均高于女性均值；不同年龄段的新生代农民工的情感承诺、角色内行为、离职意愿以及工作满意度显著不同，31—35岁年龄段的新生代农民工对组织的情感承诺、角色内行为及工作满意度各项指标均高于其他年龄段，且离职意愿显著低于21—25岁年龄段的新生代农民工；广东省外户籍的新生代农民工对自身农民身份的认同高于广东省内户籍的群体，而其他变量则无显著差异；不同婚姻状况的新生代农民工其情感承诺、角色内行为、离职意愿以及工作满意度显著不同，其中已婚已育的新生代农民工对组织的情感承诺、角色内行为及工作满意度三方面均值均高于未婚未育状态的新生代农民工，而在离职意愿维度则显著低于未婚未育状态的新生代农民工；不同学历水平的新生代农民工的情感承诺、角色内行为、对产业园区的完善度及心理契约违背的感知均存在显著差异。具有本科学历的新生代农民工对身份认同和产业园区完善度的感知显著低于其他学历；不同工作年限仅对身份认同、角色内行为以及离职意愿产生显著影响，工作年限较短的新生代农民工其对农民身份的认同及角色内行为显著低于工作年限较长的群体，而离职意愿则显著高于7—10年工作年限的新生代农民工。

第四章 组织内交换对新生代农民工心理行为的影响

第一节 新生代农民工组织内交换的影响

社会交换决定着组织与员工之间的交换，是雇佣关系的基础。社会交换除却物质或经济因素外，还包括社会情感以及承诺等因素，即包括社会性交换及经济性交换（Blau，1964）[①]。组织内经济性交换中双方更加强调短期的、书面的、物质性的契约，例如工资、奖金及福利等；而组织内社会性交换则是较长远的、情感导向的交换。学者常以组织支持感（POS）及领导—成员交换（LMX）描述组织内社会交换质量。经济性交换及社会性交换并存于组织中（Song，Tsui & Law，2009）[②]。

一、组织内社会性交换对工作心理行为的影响

众多西方学者对组织内社会性交换与工作心理行为的关系进行实证研究，指出较高质量的组织内社会性交换能够提高员工对组织的认同，

---

① Blau, P. M., 1964, *Exchange and Power in Social Life*, Transaction Publishers.
② Jiwen Song, Lynda, Anne S. Tsui, and Kenneth S. Law., 2009, "Unpacking employee responses to organizational exchange mechanisms: The role of social and economic exchange perceptions", *Journal of Management*, Vol. 35 (1), pp. 56-93.

并增加其对组织情感依赖及承诺，进一步做出有利于组织的行为，提高工作绩效（Blau，1964；Eisenberger，1986①；Shore 等，2006②；Thomas & Velthouse，1990③；Seer，Petty & Cashman，1995④）。此外，国内学者也基于中国情境对组织内社会性交换与工作心理行为的作用机制进行了探讨。凌文辁等（2006）⑤ 在中国文化情境下对组织支持感的结构维度进行探讨。研究结果表明，我国员工的组织支持感包含感知到组织对工作的支持、对利益的关心及对价值的认同三个维度，并指出良好的组织支持感对员工情感承诺及其他利他行为产出积极影响。吴继红（2006）⑥ 探讨并指出企业员工对组织支持感的感知会对其绩效、组织内公民行为等产生积极影响；谭小宏等（2007）⑦ 通过对中国企业员工进行调查分析表明组织支持感与工作满意度存在显著正相关，而对离职意愿存在显著负向预测的作用。区别于第一代农民工群体，新生代农民工群体工作绩效的影响因素并非只有工作收入。由于教育水平的提高以及城市化进程的影响，新生代农民工外出务工的目的除获得一定经济收入以改善生活外，也渴望更多地感受来自组织的支持及认可，并通过组织寻求归属感和实现自我价值。因此类似于知识型员工群体，较高质量

---

① Eisenbegrer, R., Hutchison, S., Sowa, D., 1986, "Perceived organizational support", *Journal of Applied Psychology*, Vol. 71, pp. 500-507.

② Shore, L. M., Tetrick, L. E., Lynch, P., & Barksdale, K., 2006, "Social and economic exchange：Construct development and validation", *Journal of Applied Social Psychology*, Vol. 36（4）, pp. 837-867.

③ Thomas, K. W., Velthouse, B. A., 1990, "Cognitive elements of empowerment：An "interpretive" model of intrinsic task motivation", *Academy of Management Review*, Vol. 15（4）, pp. 666-681.

④ Seers, A., Petty, M. M., Cashman, J. F., 1995, "Team-member exchange under team and traditional management：A naturally occurring quasi-experiment", *Group & Organization Management*, Vol. 20（1）, pp. 18-38.

⑤ 凌文辁、杨海军、方俐洛：《企业员工的组织支持感》，《心理学报》2006 年第 2 期。

⑥ 吴继红：《组织支持认知与领导—成员交换对员工回报的影响实证研究》，《软科学》2006 年第 5 期。

⑦ 谭小宏、秦启文、潘孝富：《组织支持感与工作满意度、离职意向的关系研究》，《心理科学》2007 年第 2 期。

的组织内社会性交换会增加新生代农民工对于城市身份的认同，并影响
其对组织心理契约履行的感知，进而影响新生代农民工群体的心理感知
及相应的工作行为，并且降低其离职意愿。因此，基于上述分析，提出
假设如下：

假设 1：新生代农民工感知的组织内社会性交换与情感承诺呈正
相关。

假设 2：新生代农民工感知的组织内社会性交换与离职意愿呈负
相关。

假设 3：新生代农民工感知的组织内社会性交换与角色内行为呈正
相关。

假设 4：新生代农民工感知的组织内社会性交换与工作满意度呈正
相关。

二、组织内经济性交换对工作心理行为的影响

现有针对企业员工的相关研究表明，当组织交换中组织更为强调明
确的义务及经济回报即经济性交换时，员工会感知并认为和组织之间更
多存在的是简单的短期的经济回报，因此会降低对组织的归属感及对组
织的承诺，并相应减少角色内行为。当前国内学者针对组织内交换的研
究多集中于知识型员工，较少针对农民工群体。相较于知识型员工群体，
第一代农民工外出务工的主要动力和目的是获得更多的经济收入以维持
及改善生活。作为城市中农业转移人口的主体，农民工离乡背井来到城
市，需要一定的经济收入才能确保有稳定的生活及住所，因此对经济性
交换尤为看重。但由于受教育程度的局限以及维权意识的薄弱，第一代
农民工与组织间明确的经济回报往往难以得到确定和保障，因此第一代
农民工对组织内的社会性交换关系重视较少，而更为重视组织内的经济
性交换以确保经济收入的稳定，绩效及薪酬则是影响其工作心理行为的

最为重要的因素。但不同于第一代农民工，新生代农民工其个人诉求、身份认同等方面都存在明显差异。与父辈相比，新生代农民工乡土意识更为淡薄，由于学历水平相对较高，职业期望值也相应提高，留城意愿更为强烈（许传新，2007）①。针对新生代农民工而言，外出务工的目的不仅是获得经济收入以改善生活，类似于知识型员工群体，新生代农民工群体也逐渐渴望更多地感受到来自组织的支持及认同。当新生代农民工群体感受到与组织的关系仅为简单的短期的经济回报关系而无其他长期的情感支持及承诺时，失望及其他负面情绪会降低其对组织的情感承诺及工作满意度，并且在工作中表现不佳。但是区别于知识型员工群体，经济回报仍然是新生代农民工外出务工的主要动力之一，是城市定居及社会融入的必要条件。尽管较高的组织内经济性交换较少考虑员工的需求以及偏好，并且意味着员工与组织的关系仅为简单短期的经济回报关系，但是明确的经济关系也意味着经济收入的稳定，新生代农民工收入增加则其市场化能力也相应提高。因此，新生代农民工感知组织内经济性交换程度愈高，其离职意愿会相对降低。因此，基于上述分析，提出假设如下：

假设5：新生代农民工感知的组织内经济性交换与情感承诺呈负相关。

假设6：新生代农民工感知的组织内经济性交换与离职意愿呈负相关。

假设7：新生代农民工感知的组织内经济性交换与角色内行为呈负相关。

假设8：新生代农民工感知的组织内经济性交换与工作满意度呈负相关。

---

① 许传新：《新生代农民工的身份认同及影响因素分析》，《学术探索》2007年第3期。

第二节　组织内交换对工作心理行为变量的影响探讨

一、组织内交换与工作心理行为各变量的相关分析

为验证组织内交换与工作心理行为的结构关系，本研究运用 spss 19.0 软件对组织内社会性交换、组织内经济性交换以及工作心理行为的研究变量进行相关性分析。Pearson 相关系数表明各变量均在 0.05 水平上显著相关，所得相关矩阵见表4-1。

表4-1　组织内交换与工作心理行为各变量相关矩阵（N=1223）

变量	均值	标准差	1	2	3	4	5
1 组织内社会性交换	26.9836	6.15895	1				
2 组织内经济性交换	19.9297	3.90056	-0.067*	1			
3 情感承诺	11.3720	3.26386	0.593**	-0.083**	1		
4 角色内行为	13.8749	2.41820	0.214**	0.150**	0.253**	1	
5 离职意愿	9.3336	3.64998	-0.333**	0.257**	-0.464**	-0.113**	1
6 工作满意度	19.6500	4.41080	0.526**	-0.104**	0.648**	0.335**	-0.485**

注：*表示在0.05水平（双侧）上显著相关。**表示在0.01水平（双侧）上显著相关。

其中组织内社会性交换与组织内经济性交换存在显著负相关（$\beta=-0.67$），说明当新生代农民工群体对组织内社会性交换感知程度较高，即更多地感受到与组织之间的关系是长远的、情感层面的支持及认同时，则相应对组织内经济性交换，即与组织的关系仅为短期的、明确的经济回报关系的感知程度则较低。此外，相关分析结果表明，组织内社会性交换与情感承诺、角色内行为及工作满意度均呈显著正相关，与离职意愿呈显著负相关；组织内经济性交换与情感承诺及工作满意度呈显著负相关，而与角色内行为及离职意愿呈显著正相关。分析结果为研

究假设的检验提供了初步证据。

二、组织内社会性交换对新生代农民工工作心理行为的影响分析

为进一步探讨自变量组织内社会性交换对结果变量的影响，本研究将进行多层回归分析。鉴于新生代农民工的性别、年龄、婚姻状况等人口统计学变量可能对结果变量产生一定的影响，本研究将人口统计学变量作为控制变量纳入回归方程中。由表4-2结果可得。

表4-2　组织内社会性交换对工作心理行为各变量
影响的多层回归分析结果（N=1223）

		情感承诺		角色内行为		离职意愿		工作满意度	
		模型1	模型2	模型1	模型2	模型1	模型2	模型1	模型2
控制变量	性别	0.067^*	0.046^*	-0.038	-0.046	-0.057	-0.045	0.038	0.019
	年龄	0.100^*	0.020	0.121^{**}	0.094^*	-0.017	0.028	0.068	-0.003
	户籍	-0.029	-0.037	-0.011	-0.014	0.004	0.008	0.029	0.022
	婚姻	-0.096^*	-0.084^{**}	0.017	0.021	0.093^*	0.086^*	-0.035	-0.024
	学历	0.010	-0.058^*	0.052	0.029	0.026	0.064^*	0.002	-0.060^*
	工作年限	-0.058	-0.033	0.061	0.069	-0.054	-0.068	0.006	0.029
预测变量	组织内社会性交换	0.589^{***}		0.201^{***}		-0.333^{***}		0.531^{***}	
	R^2	0.029	0.365	0.028	0.067	0.027	0.134	0.013	0.285
	ΔR^2	0.029	0.336	0.028	0.039	0.027	0.107	0.013	0.272
	F	60.047^{***}	990.666^{***}	50.792^{***}	120.411^{***}	50.560^{***}	260.858^{***}	20.594^{***}	690.232^{***}

注：所列数据为标准 β 系数，＊＊＊表示$p<0.005$，＊＊表示$p<0.01$，＊表示$p<0.05$。

在控制人口统计学变量的影响后：（1）组织内社会性交换对新生代农民工情感承诺有显著正向影响（$\beta=0.589$，$p<0.005$）；（2）组织内社会性交换对新生代农民工角色内行为有显著正向影响（$\beta=0.201$，$p<$

0.005）；（3）组织内社会性交换对新生代农民工离职意愿有显著负向影响（β=−0.333，p<0.005）；（4）组织内社会性交换对新生代农民工工作满意度有显著正向影响（β=0.531，p<0.005）。此外，加入组织内社会性交换变量后各模型 F 检验值表明各模型中线性关系显著（p<0.005）。研究结果表明，随着新生代农民工对组织给予的社会性交换感知程度越高，则会增加对所属组织的情感依赖，相应角色内行为增加，并对工作满意的程度也增加。而对社会性交换的感知程度的增加也表明新生代农民工对组织给予的支持及承诺感知越多，其离开该组织寻求新的工作机会的意愿也相应降低。回归分析结果表明，假设 1、假设 2、假设 3 及假设 4 得以验证。

三、组织内经济性交换对新生代农民工工作心理行为的影响分析

与上述组织内社会性交换对新生代农民工心理行为的影响分析类似，本研究也采用多层回归分析探讨组织内经济性交换对结果变量的影响。在控制性别、年龄及婚姻状况等人口统计学变量后，多层回归分析结果如表 4-3 所示。

表 4-3 组织内经济性交换对工作心理行为各变量
影响的多层回归分析结果 （N=1223）

		情感承诺		角色内行为		离职意愿		工作满意度	
		模型1	模型2	模型1	模型2	模型1	模型2	模型1	模型2
控制变量	性别	0.067*	0.063*	−0.038	−0.031	−0.057	−0.043	0.038	0.033
	年龄	0.100*	0.102*	0.121**	0.118***	−0.017	−0.022	0.068	0.070
	户籍	−0.029	−0.035	−0.011	0.000	0.004	0.023	0.029	0.021
	婚姻	−0.096*	−0.093*	0.017	0.011	0.093*	0.081*	−0.035	−0.030
	学历	0.010	0.005	0.052	0.062*	0.026	0.043	0.002	−0.005
	工作年限	−0.058	−0.054	0.061	0.053	−0.054	−0.068	0.006	0.012

续表

		情感承诺		角色内行为		离职意愿		工作满意度	
		模型1	模型2	模型1	模型2	模型1	模型2	模型1	模型2
预测变量	组织内经济性交换	-0.080**		0.145***		0.262***		-0.104***	
	R^2	0.029	0.035	0.028	0.048	0.027	0.095	0.013	0.023
	ΔR^2	0.029	0.006	0.028	0.020	0.027	0.068	0.013	0.010
	F	60.047***	60.342***	50.792***	80.840***	50.560***	180.116***	20.594***	40.146***

注：所列数据为标准 β 系数，＊＊＊表示 $p<0.005$，＊＊表示 $p<0.01$，＊表示 $p<0.05$。

分析结果表明：（1）组织内经济性交换对新生代农民工情感承诺有显著负向影响（β=-0.080，$p<0.01$）；（2）组织内经济性交换对新生代农民工角色内行为有显著正向影响（β=0.145，$p<0.005$）；（3）组织内经济性交换对新生代农民工离职意愿有显著正向影响（β=0.262，$p<0.005$）；（4）组织内经济性交换对新生代农民工工作满意度有显著负向影响（β=-0.104，$p<0.005$）。此外，加入组织内经济性交换变量后各模型 F 检验值表明各模型中线性关系显著（$p<0.005$）。研究结果表明，当新生代农民工群体对组织与其明确的经济性回报感知水平较高时，其对与组织间关系更多的理解为短期经济回报的关系，因此对组织的依赖性及承诺相应降低，并且工作满意度降低。假设5及假设8得以验证。

但统计研究结果表明组织内经济性交换与离职意愿及角色内行为呈显著正相关，假设6及假设7无法得到验证。其可能原因为：当新生代农民工认为与组织间更多地是仅存在明确的经济契约关系时，较好地完成工作则意味着工作收入得以增加，因此对组织内经济性交换的感知程度越高，角色内行为相应增加。此外，经济回报关系的明确也隐含着一旦合约到期，经济关系即终止，也意味着新生代农民工与原企业的关系即时终止，若其对目前工作状况不满意或出现更好的工作机会时，离开本企业的意愿明显增加。

第三节 组织内交换与新生代农民工 心理行为的关系及影响分析

组织内交换是当前国内外学者研究的热点之一，但研究对象多集中于知识型员工。新生代农民工作为我国特有的二元户籍制度的时代产物，是当前劳动力大军的主力军，具有鲜明的热点。本研究旨在探讨新生代农民工组织内社会性交换和组织内经济性交换的感知对工作心理行为的影响，研究结果表明：（1）新生代农民工对组织内社会性交换的感知程度与组织内经济性交换的感知程度呈显著负相关；（2）新生代农民工对组织内社会性交换的感知程度与情感承诺、角色内行为及工作满意度均呈显著正相关，与离职意愿呈显著负相关；（3）新生代农民工对组织内经济性交换的感知程度与情感承诺及工作满意度呈显著负相关，而与角色内行为及离职意愿呈显著正相关。

一、组织内社会性交换与组织内经济性交换的关系

组织内社会性交换与组织内经济性交换并存于组织中，但组织内经济性交换更为强调短期及物质性的契约，而组织内社会性交换则强调长远和情感导向的交换。当员工感知到较高的组织内经济性交换时，其认为与组织间关系仅为经济回报的短期关系，经济契约的终止意味着与组织的关系结束；而当员工感知到较高的组织内社会性交换时，来自组织的支持及认同将员工与组织的关系延展至经济契约外领域，关系更为长远及稳定（Song, Tsui & Law, 2009）[1]。本研究分析表明新生代农民工群体对组织内社会性交换及组织内经济性交换的感知程度呈显著负相关，

---

① Jiwen Song, L., Tsui, A. S., & Law, K. S., 2009, "Unpacking employee responses to organizational exchange mechanisms: The role of social and economic exchange perceptions", *Journal of Management*, Vol. 35 (1), pp. 56–93.

即当新生代农民工感知组织内社会性交换的程度愈高，感知到组织给予各种资源上的支持及更多的情感关怀时，其对组织内经济性交换的感知程度则相应降低，新生代农民工会较少地认为与组织间关系仅为简单的短期的经济合作关系，而会更多地认为与组织间的关系为长久的情感的关系。

二、组织内社会性交换与工作心理行为的关系

对比组织内经济性交换所强调的短期经济关系，组织内社会性交换则强调员工与组织之间长期的、非明确的基于情感的交换（Eisenberger，1986[①]；Shore 等，2006[②]）。众多实证研究对组织内社会性交换及工作心理行为的关系进行探讨。针对知识型员工的实证研究表明，员工对组织内社会性交换的感知越高，即感知到组织对自己的重视及关心程度越高，其角色内行为（in-role）及角色外行为（out-role）显著增加；此外，较高的组织内社会性交换会降低撤退行为例如缺勤、离职等（Eisenberger，2002）[③]，且对组织的情感承诺及工作满意度有积极的影响（Cleveland & Shore，1992）[④]。本研究针对新生代农民工的研究结果印证了既有针对知识型员工群体的相关研究结论，说明对于新生代农民工而言，较高的组织内社会性交换同样会增加其对组织的情感承诺，并且有更好的角色内行为及更高的工作满意度，并且离职意愿降低。作为新一代的农民工，虽然户籍依旧为农业户籍，但务农经历较少，乡土记忆更为淡薄，而受

① Eisenbegrer, R., Hutchison, S., Sowa, D., 1986, "Perceived organizational support", *Journal of Applied Psychology*, Vol. 71, pp. 500-507.

② Shore, L. M., Tetrick, L. E., Lynch, P., & Barksdale, K., 2006, "Social and economic exchange: Construct development and validation", *Journal of Applied Social Psychology*, Vol. 36 (4), pp. 837-867.

③ Eisenberger, R., Stinglhamber, F., Vandenberghe, C., Sucharski, L., Rhoades, L., 2002, "Perceived supervisor support: contributions to perceived organizational support and employee retention", *Journal of Applied Psychology*, Vol. 87, pp. 565-573.

④ Cleveland, J. N., & Shore, L. M., 1992, "Self-and supervisory perspectives on age and work attitudes and performance", *Journal of Applied Psychology*, Vol. 77 (4), p. 469.

教育程度较第一代农民工显著提高。由于现代传媒的普及以及生活状况的改善，新生代农民工外出务工不仅限于获得一定的经济收入，其城市融入及渴望认同的情感更为强烈，因此当感受到来自组织的承诺及支持时，将增加其对组织的归属及依附感，进而有更好的工作绩效表现。因此，本研究的结果一定程度上丰富了组织内社会性交换与工作心理行为作用机制的内容体系。

三、组织内经济性交换与工作心理行为的关系

统计分析表明，新生代农民工对组织内经济性交换的感知程度愈高，其情感承诺及工作满意度愈低。研究结果与学者针对知识型员工研究结论一致。虽然在工作生产中，经济性交换是员工与组织间关系的基础，但较高的经济性交换会让员工认为与组织仅存在短期的简单的经济关系，当经济回报关系终止时员工与组织的关系随即结束。因此，对组织内经济性交换较高的感知会降低员工对组织的归属感及依附感，从而也减少对组织的情感承诺；此外，员工所感受到工作的意义也仅限于获得经济报酬，工作所带来的满意度也相对降低。

学者也指出，过于强调物质条件会使员工感觉与组织的关系仅为经济契约关系，合同的结束意味着关系的终止；只需完成规定任务，缺乏动力；且由于组织对其期望较低而让员工对自己胜任力及工作能力产生质疑（Chen & Klimoski，2003[1]；尹俊、王辉，2011[2]）。区别于知识型员工，新生代农民工对组织内经济性交换的感知程度与角色内行为及离职意愿显著正相关。对新生代农民工而言，获得经济报酬仍然为进城务工

---

[1]　Chen, G., Klimoski, R. J., 2003, "The impact of expectations on newcomer performance in teams as mediated by work characteristics, social exchanges, and empowerment", *Academy of Management Journal*, Vol. 46 (5), pp. 591–607.

[2]　尹俊、王辉：《组织内交换关系，心理授权与员工工作结果的研究》，《经济科学》2011年第 5 期。

的首要目的，而明确的经济合同确保了工作完成度与工作收入的关系，因而为获得更多的经济收入，新生代农民工群体角色内行为也会相应增加。此外，较高的组织内经济性交换关系的感知也意味着新生代农民工对组织的情感依赖以及情感承诺的降低，因为来自组织的支持较少，因而对经济收入的需求更加迫切，只有获得足够的经济收入才能改善生存状况并在城市中稳定生活。当现有收入未能达到其期望或出现更高收入的工作时，新生代农民工无其他情感羁绊，离开当前工作的可能性更高，离职意愿显著增加。

第四节　本章小结

本章的研究首先借鉴交换理论观点，结合相关研究对组织内社会性交换、组织内经济性交换以及情感承诺等心理行为的影响提出研究假设。研究基于所得样本数据运用 SPSS 相关分析和回归分析的统计方法分析可得：新生代农民工对组织内社会性交换与组织内经济性交换的感知程度显著负相关；新生代农民工对组织内社会性交换的感知程度与情感承诺、角色内行为及工作满意度显著正相关，与离职意愿显著负相关；而对组织内经济性交换的感知程度与情感承诺及工作满意度显著负相关，与角色内行为及离职意愿则显著正相关。最后，对所得研究结果进行总结并进行相关分析及讨论。

第五章　新生代农民工的自我身份认同

第一节　新生代农民工自我身份认同特点

身份认同作为个体对所属群体的角色及特征的认知及接纳程度，是自我概念中极为重要方面之一（Deaux，1993[①]；黄玲，2007[②]）。身份认同不仅是个体对自我意识及社会地位的确定，也显著影响其与他人的互动及相应的角色行为。迄今国外学者针对身份认同的测量、影响因素及结果变量展开了系列研究并取得一定成果，但主要是基于西方社会文化背景；国内学者基于国外理论及问卷在中国社会文化情境下进行了一些实证研究，但研究对象较多集中于知识型员工群体（寻阳、郑新民，2014[③]；赵明仁，2013[④]）。身份认同的社会属性表明社会文化、职业等均对身份认同产生影响。

随着产业转型的不断加速，人口流动成为我国现阶段发展的突出特征。而作为我国二元户籍制度下的产物，农民工成为人口流动的主力大军，并对社会未来的长期稳定形成一定挑战。随着我国农民工城市化融

---

① Deaux，K.，1993，"Reconstructing social identity"，*Personality and Social Psychology Bulletin*，Vol. 19（1），pp. 4-12.

② 黄铃：《我国中小学心理教师身份认同感现状分析》，《云南教育》2007年第8期。

③ 寻阳、郑新民：《十年来中外外语教师身份认同研究述评》，《现代外语》2014年第1期。

④ 赵明仁：《先赋认同、结构性认同与建构性认同——"师范生"身份认同探析》，《教育研究》2013年第6期。

合进程的不断发展，农民工在就业地区的社会融入及适应过程逐渐成为各界关注的焦点（李虹、倪士光、黄琳妍，2012）[①]。田凯（1995）[②] 指出社会融入的本质是再社会化过程，其包含经济、社会及心理三个层面。三个层面是依次递进的，当就业带来一定的经济收入及社会地位时，流动人口才能形成与本地户籍人口接近的行为及生活方式，并最终形成新的价值观，而只有心理层面上的适应及融入才能证明流动人口的社会融入完成。杨菊华（2010）[③] 则具体构建了流动人口社会融入指标体系，其指出社会融入由经济整合、行为适应、文化接纳及身份认同四个维度构成，而其中身份认同主要的核心指标为"自我身份认同"，即流动人口个体对自我身份的认知（城市人、农村人）。若其依旧将自己视为农村人，则会继续保持过客及打工心态，将其所在社会视为"他们的"的社会，并感觉到无法融入就业地及当地居民中。

因此，自我身份认同是社会融入的根本所在。但作为我国特有的群体，农民工依旧游离于城市与农村的边缘。虽然户籍仍为农业户口，但长期脱离土地使得其乡土记忆日渐淡薄；而现有户籍制度及各种保障制度的限制又使得其无法完全融入城市生活，农民工的自我身份认同普遍存在一定障碍（张雄，2010）[④]。随着农村流动人口的代际区别产生，新生代农民工与传统第一代农民工在成长环境、价值取向及心理诉求等方面又产生显著差异。与父辈相比，新生代农民工务农经历较少，教育水平相对提高，职业期望较高，且生存状况显著改善。随着新一代农民工接受及适应能力提升，其对城市身份认同的渴望逐渐加强，更加渴望能够融入所在地社会。但制度性身份的制约以及相应社会政策性的因素导

---

① 李虹、倪士光、黄琳妍：《流动人口自我身份认同的现状与政策建议》，《西北师大学报（社会科学版）》2012 年第 4 期。

② 田凯：《关于农民工的城市适应性的调查分析与思考》，《社会科学研究》1995 年第 5 期。

③ 杨菊华：《流动人口在流入地社会融入的指标体系——基于社会融入理论的进一步研究》，《人口与经济》2010 年第 2 期。

④ 张雄：《农民工身份认同的影响因素研究》，博士学位论文，复旦大学 2010 年。

致新生代农民工无法于心理层面融入城市生活，并最终完成社会融入（胡宏伟、曹杨、吕伟、叶玲，2011[①]；姚俊，2011[②]）。

此外，新生代农民工对自身身份的认同不仅源于户籍制度的影响，还源自他人对于其农民身份的看法。较多的新生代农民工对于自己身份及他人予以的态度较为敏感。基于 Burke（1991）[③] 的身份认同控制模型，情景中的个体通过与其他人的互动而学习并获得身份意义以及产生相应的行为。当新生代农民工感受到来自组织和他人的支持，并将其视为城市人时，新生代农民工对其农民身份的感知及认同程度则会降低，并相应产生一系列基于城市身份的行为特征例如对组织的归属感会相应增加，其寻求认同及留在组织的意愿更为强烈。社会融入过程的第一层面为经济层面（田凯，1995)[④]，只有经济收入的提高才能产生与当地户籍人口一致的行为，并进而从心理层面完成社会融入，而较高的组织内经济性交换则能够帮助新生代农民工一定程度上提高经济地位，降低其对农民身份的自我认同，增加其对组织的归属感及城市融入程度，进而有更好的工作心理行为。

目前针对新生代农民工身份认同的已有研究多以定性分析为主（许传新，2007[⑤]；姚俊，2011[⑥]），较为集中探讨农民工身份认同的影响因素及身份困境的解决方法，较少针对新生代农民工身份认同展开定量分析，并将其纳入组织层面探讨身份认同对工作心理行为的影响。因此本研究

---

① 胡宏伟、曹杨、吕伟、叶玲：《新生代农民工自我身份认同研究》，《江西农业大学学报（社会科学版）》2011 年第 3 期。

② 姚俊：《失地农民市民身份认同障碍解析——基于长三角相关调查数据的分析》，《城市问题》2011 年第 8 期。

③ Burke, P. J., 1991, "Identity processes and social stress", *American Sociological Review*, pp. 836-849.

④ 田凯：《关于农民工的城市适应性的调查分析与思考》，《社会科学研究》1995 年第 5 期。

⑤ 许传新：《新生代农民工的身份认同及影响因素分析》，《学术探索》2007 年第 3 期。

⑥ 姚俊：《失地农民市民身份认同障碍解析——基于长三角相关调查数据的分析》，《城市问题》2011 年第 8 期。

拟将新生代农民工自我身份认同、组织内社会性交换、组织内经济性交换及心理行为各变量整合为一模型，从微观层面探讨新生代农民工自我身份认同在其组织内交换及工作心理行为中的中介作用。基于上述分析，提出假设如下：

假设 1：新生代农民工的自我身份认同在组织内社会性交换及情感承诺间起中介作用。

假设 2：新生代农民工的自我身份认同在组织内社会性交换及离职意愿间起中介作用。

假设 3：新生代农民工的自我身份认同在组织内社会性交换及角色内行为间起中介作用。

假设 4：新生代农民工的自我身份认同在组织内社会性交换及工作满意度间起中介作用。

假设 5：新生代农民工的自我身份认同在组织内经济性交换及情感承诺间起中介作用。

假设 6：新生代农民工的自我身份认同在组织内经济性交换及离职意愿间起中介作用。

假设 7：新生代农民工的自我身份认同在组织内经济性交换及角色内行为间起中介作用。

假设 8：新生代农民工的自我身份认同在组织内经济性交换及工作满意度间起中介作用。

第二节　新生代农民工自我身份
认同中介效应分析

一、研究流程与方法

本研究使用 AMOS 21.0 对自我身份认同的中介效应（mediation effect）

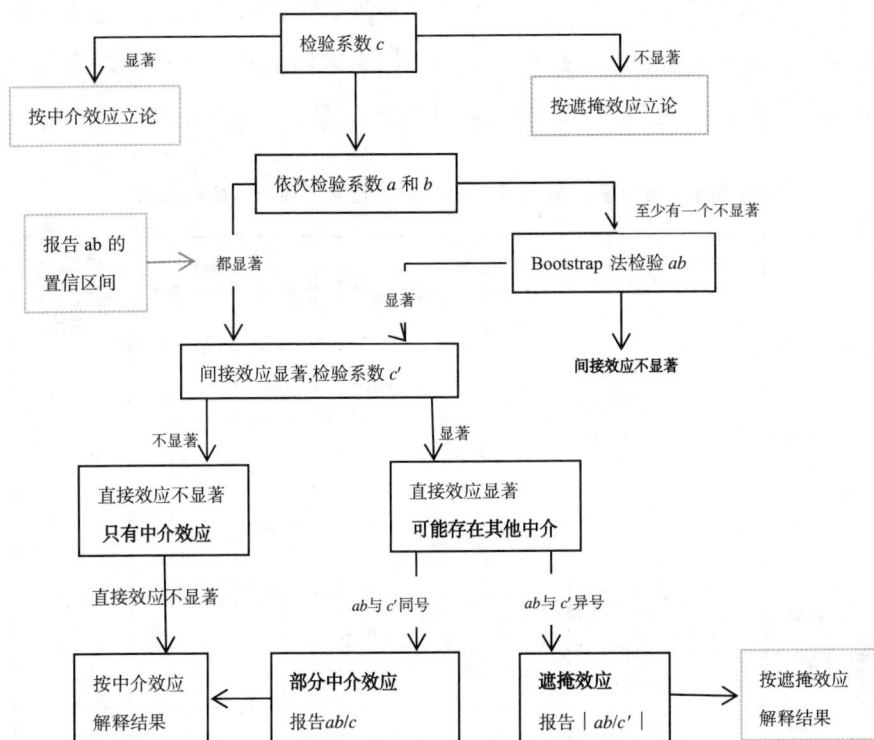

图 5-1　中介效应检验流程①

进行检验。根据温钟麟等（2014）② 提出的中介效应检验流程，首先，检验自变量对因变量的直接效应是否显著，若显著则按照中介效应继续检验，若不显著则按遮掩效应检验；其次，检验自变量对中介变量的影响路径系数及中介变量对因变量影响路径系数是否显著。若都显著则间接效应显著，进而检验考虑中介变量情况下自变量对因变量的影响路径系数显著性。若至少有一个不显著，则用 Bootstrap 法直接检验 H_0：$ab = 0$。若都显著，则直接效应显著并进一步探讨。

绘制自变量预测因变量的结构方程模型 M_1，其中自变量为组织内社

---

① 　温忠麟、叶宝娟：《中介效应分析：方法和模型发展》，《心理科学进展》2014 年第 5 期。
② 　温忠麟、叶宝娟：《中介效应分析：方法和模型发展》，《心理科学进展》2014 年第 5 期。

会性交换及组织内经济性交换，因变量为新生代农民工工作心理行为各变量。由表5-1可得，各路径标准化回归系数均达到显著水平，符合中介效应检验第一步骤即自变量对因变量系数 c 显著，按照中介效应立论。

表5-1 结构模型 M_1 中各变量影响路径系数估计（N=1223）

			非标准化路径系数估计	标准误差	临界比	显著性	标准化路径系数估计
情感承诺	<---	组织内社会性交换	1.197	0.066	18.085	* * *	0.802
组织内行为	<---	组织内社会性交换	0.430	0.043	10.073	* * *	0.364
离职意愿	<---	组织内社会性交换	−0.653	0.052	−12.489	* * *	−0.469
工作满意度	<---	组织内社会性交换	0.925	0.056	16.556	* * *	0.746
情感承诺	<---	组织内经济性交换	−0.131	0.044	−2.985	* *	−0.088
组织内行为	<---	组织内经济性交换	0.359	0.048	7.441	* * *	0.306
离职意愿	<---	组织内经济性交换	0.371	0.052	7.121	* * *	0.267
工作满意度	<---	组织内经济性交换	−0.073	0.038	−1.934	*	−0.059

注：* * * 表示 $p<0.005$，* * 表示 $p<0.01$，* 表示 $p<0.05$。

通过结构方程模型并运用 AMOS 21.0 软件构建中介变量"自我身份认同"在自变量组织内交换和工作心理行为各因变量之间的完全中介模型并以此对身份认同的中介效应进行检验。自我身份认同完全中介模型（图5-2）结果表明，组织内社会性交换和组织内经济性交换对自我身份认同的路径以及自我身份认同对情感承诺、角色内行为、离职意愿和工作满意度均达到0.01显著水平，即 a、b 均显著，可得结论自我身份认同在组织内交换与工作心理行为结构关系中的中介效应显著（表5-2）。

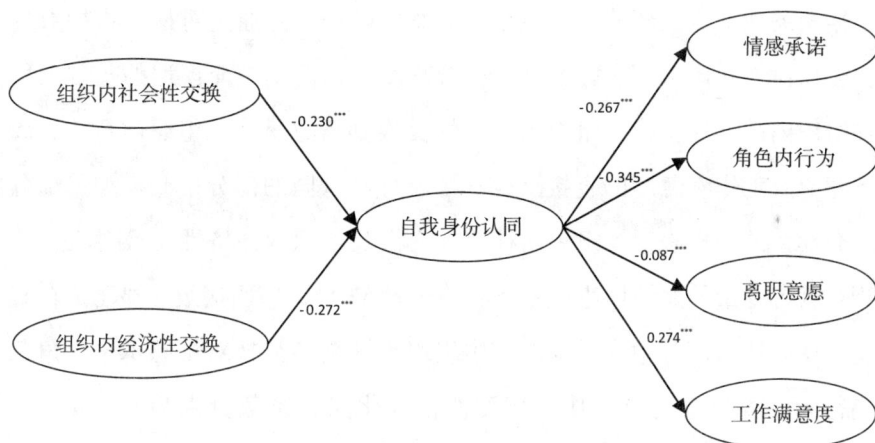

图5.2　自我身份认同的完全中介模型

注：所列数据为标准β系数，＊＊＊表示 p<0.005，＊＊表示 p<0.01，＊表示 p<0.05。

表5-2　自我身份认同的完全中介模型中各变量影响路径系数估计（N=1223）

			非标准化路径系数估计	标准误差	临界比	显著性	标准化路径系数估计
自我身份认同	<--	组织内社会性交换	0.125	0.020	60.354	＊＊＊	0.230
自我身份认同	<--	组织内经济性交换	0.193	0.032	60.140	＊＊＊	0.272
情感承诺	<--	自我身份认同	0.607	0.087	60.951	＊＊＊	0.267
组织内行为	<--	自我身份认同	0.495	0.070	70.062	＊＊＊	0.345
离职意愿	<--	自我身份认同	0.495	0.070	70.062	＊＊＊	-0.087
工作满意度	<--	自我身份认同	-0.177	0.068	-20.600	.009	0.274

注：＊＊＊表示 p<0.005，＊＊表示 p<0.01，＊表示 p<0.05。

　　为检验自我身份认同是否能够完全中介组织内社会性交换及组织内经济性交换对情感承诺、组织内行为、离职意愿及工作满意度的影响，根据相关理论构建部分中介模型作为竞争模型，并通过对拟合指标数的比较探讨不同模型与实际数据的拟合程度。在简单中介模型的基础上增加组织内社会性交换、组织内经济性交换到情感承诺、组织内行为、离职意愿及工作满意度的直接路径，构建身份认同的部分中介模型。部分中介模型的分析表明，组织内社会性交换及组织内经济性交换对工作心理行为各变量的路径均达到显著水平（表5-4），即间接效应显著，自我身份认同即为部分中介效应。其中组织内社会性交换对情感承诺、角色内行为、离职意愿及工作满意度的标准化路径系数分别为 0.766（p < 0.005）、0.317（p < 0.005）、−0.447（p < 0.005）以及 0.707（p < 0.005），组织内经济性交换对情感承诺、角色内行为、离职意愿及工作满意度的标准化路径系数分别为 −0.179（p < 0.005）、0.215（p < 0.005）、−0.335（p < 0.005）以及 −0.159（p < 0.005）。模型拟合结果表明（表5-3），自我身份认同的部分中介模型各指标均达标且优于完全中介模型，即部分中介的拟合程度更优，表明自我身份认同在组织内交换及心理行为中起部分中介作用。

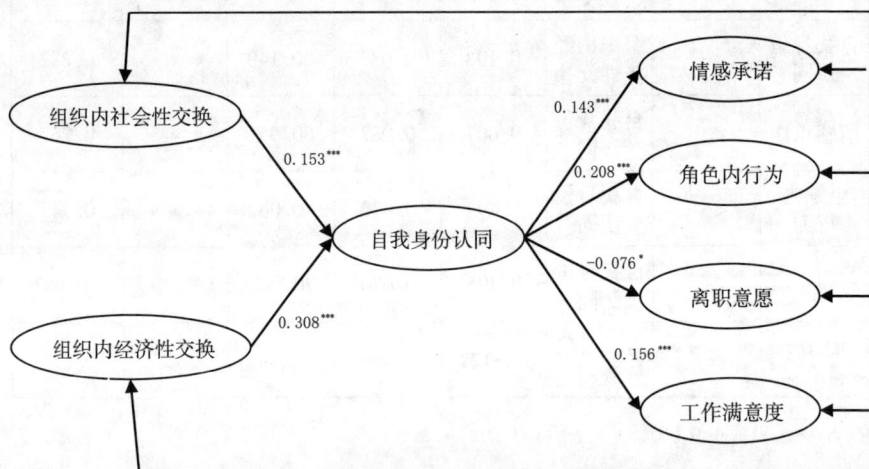

图5-3　身份认同的部分中介模型

注：所列数据为标准 β 系数，＊＊＊表示 p<0.005，＊＊表示 p<0.01，＊表示 p<0.05。

表5-3　自我身份认同的中介模型拟合指数（N＝1223）

模型	χ^2	df	χ^2/df	GFI	IFI	CFI	RMSEA
M_{完全中介}	3020.005	448	6.741	0.844	0.834	0.833	0.069
M_{部分中介}	1914.035	446	4.292	0.901	0.905	0.905	0.052

表5-4　自我身份认同的部分中介模型中各变量影响路径系数估计（N＝1223）

			非标准化路径系数估计	标准误差	临界比	显著性	标准化路径系数估计
自我身份认同	<--	组织内社会性交换	0.102	0.024	4.321	＊＊＊	0.153
自我身份认同	<--	组织内经济性交换	0.219	0.033	6.672	＊＊＊	0.308
情感承诺	<--	自我身份认同	0.315	0.065	4.829	＊＊＊	0.143
角色内行为	<--	自我身份认同	0.360	0.065	5.511	＊＊＊	0.208
工作满意度	<--	自我身份认同	0.285	0.057	5.001	＊＊＊	0.156
离职意愿	<--	自我身份认同	-0.157	0.069	-2.280	＊	-0.076
情感承诺	<--	组织内社会性交换	1.123	0.063	17.882	＊＊＊	0.766
角色内行为	<--	组织内社会性交换	0.366	0.041	8.993	＊＊＊	0.317
离职意愿	<--	组织内社会性交换	-.613	0.051	-11.983	＊＊＊	-0.447
工作满意度	<--	组织内社会性交换	0.863	0.053	16.299	＊＊＊	0.707
情感承诺	<--	组织内经济性交换	-0.279	0.052	-5.391	＊＊＊	-0.179
角色内行为	<--	组织内经济性交换	0.264	0.051	5.177	＊＊＊	0.215

续表

		非标准化路径系数估计	标准误差	临界比	显著性	标准化路径系数估计
离职意愿	<--	组织内经济性交换	0.490	0.062	7.897	＊＊＊	0.335
工作满意度	<--	组织内经济性交换	−0.206	0.044	−4.648	＊＊＊	−0.159

注：＊＊＊表示 p<0.005，＊＊表示 p<0.01，＊表示 p<0.05。

二、自我身份认同在组织内交换与情感承诺间的中介作用

分别就自我身份认同在组织内交换与新生代农民工工作心理行为各变量间的中介作用进行探讨。自我身份认同在组织内社会性交换、组织内经济性交换以及情感承诺间的中介作用的总效应、直接效应及间接效应如表 5-5 所示。

统计结果显示，组织内社会性交换与情感承诺间总效应标准化估计值为 0.788，95% 置信区间为 0.716—0.834，双尾显著性检验结果显著，即组织内社会性交换对情感承诺总效应 c 显著。BC（Bias-corrected）偏差校正法估计的直接效应标准化估计值为 0.766，95% 置信区间为 0.664—0.818，双尾显著性检验结果显著，即组织内社会性交换对情感承诺直接效应显著。说明加入中介变量（自我身份认同）后，组织内社会性交换对情感承诺的直接效应 c′ 显著，属于部分中介效应。间接效应标准化估计值为 0.022，95% 置信区间为 0.010—0.080，双尾显著性检验结果显著，即组织内社会性交换对情感承诺间接效应显著。说明加入中介变量（自我身份认同）后，组织内社会性交换对情感承诺的间接效应显著，系数 ab 显著。且 ab 和 c′ 同号，因此可判定中介变量在自变量和因变量间起部分中介作用假设 1 得到验证。中介效应占总效应的比例为

ab/c＝0.022/0.802＝0.027，即中介效应占总效应的2.7%。

表5-5　自我身份认同在组织内交换及情感承诺间的中介作用
各效应标准化估计值及显著性（N＝1223）

			组织内社会性交换	组织内经济性交换	自我身份认同	情感承诺
总效应	标准化估计值	自我身份认同	0.153	0.308	0.000	0.000
		情感承诺	0.788	-0.135	0.143	0.000
	下限值	自我身份认同	0.066	0.214	0.000	0.000
		情感承诺	0.716	-0.336	0.055	0.000
	上限值	自我身份认同	0.224	0.556	0.000	0.000
		情感承诺	0.834	-0.039	0.529	0.000
	双尾显著性	自我身份认同	0.007	0.005	—	—
		情感承诺	0.001	0.022	0.018	—
直接效应	标准化估计值	自我身份认同	0.153	0.308	0.000	0.000
		情感承诺	0.766	-0.179	0.143	0.000
	下限值	自我身份认同	0.066	0.214	0.000	0.000
		情感承诺	0.664	-0.720	0.055	0.000
	上限值	自我身份认同	0.224	0.556	0.000	0.000
		情感承诺	0.818	-0.060	0.529	0.000
	双尾显著性	自我身份认同	0.007	0.005	—	—
		情感承诺	0.001	0.007	0.018	—
间接效应	标准化估计值	自我身份认同	0.000	0.000	0.000	0.000
		情感承诺	0.022	0.044	0.000	0.000
	下限值	自我身份认同	0.000	0.000	0.000	0.000
		情感承诺	0.010	0.017	0.000	0.000
	上限值	自我身份认同	0.000	0.000	0.000	0.000
		情感承诺	0.080	0.368	0.000	0.000
	双尾显著性	自我身份认同	—	—	—	—
		情感承诺	0.011	0.014	—	—

对自我身份认同在组织内经济性交换及情感承诺间的中介效应进行探讨，统计结果显示组织内经济性交换与情感承诺间总效应标准化估计值为-0.135，95%置信区间为-0.336—-0.039，双尾显著性检验结果显著，即组织内经济性交换对情感承诺总效应 c 显著。BC（Bias-corrected）偏差校正法估计的直接效应标准化估计值为-0.179，95%置信区间为-0.060—0.720，双尾显著性检验结果显著，即组织内经济性交换对情感承诺直接效应显著。说明加入中介变量（自我身份认同）后，组织内经济性交换对情感承诺的直接效应 c' 显著，属于部分中介效应。间接效应标准化估计值为0.044，95%置信区间为0.017—0.368，双尾显著性检验结果显著，即组织内社会性交换对情感承诺间接效应显著。说明加入中介变量（自我身份认同）后，组织内社会性交换对情感承诺的间接效应显著，系数 ab 显著。但 ab 和 c' 同号，因此可判定中介变量在自变量和因变量间为遮掩效应，假设5得以验证。间接效应与直接效应之比的绝对值 $|ab/c'| = |0.044/-0.179| = 0.246$。

三、自我身份认同在组织内交换与角色内行为间的中介作用

自我身份认同在组织内社会性交换、组织内经济性交换以及角色内行为间的中介作用的总效应、直接效应及间接效应如表5-6所示。统计结果显示组织内社会性交换与角色内行为间总效应标准化估计值为0.347，95%置信区间为0.289—0.416，双尾显著性检验结果显著，即组织内社会性交换对角色内行为总效应 c 显著。BC（Bias-corrected）偏差校正法估计的直接效应标准化估计值为0.276，95%置信区间为0.247—0.382，双尾显著性检验结果显著，即组织内社会性交换对角色内行为直接效应显著。说明加入中介变量（身份认同）后，组织内社会性交换对角色内行为的直接效应 c' 显著。间接效应标准化估计值为0.032，95%置信区间为0.017—0.063，双尾显著性检验结果显著，即组织内社会性交

换对角色内行为间接效应显著。说明加入中介变量（自我身份认同）后，组织内社会性交换对角色内行为的间接效应显著，系数 ab 显著。且 ab 和 c' 同号，则可判定身份认同在组织内社会性交换及角色内行为之间起部分中介作用，假设 2 得以验证。中介效应占总效应的比例为 $ab/c = 0.032/0.347 = 0.092$，即中介效应占总效应的 9.2%。

对自我身份认同在组织内经济性交换及角色内行为间的中介效应进行探讨，统计结果显示组织内经济性交换与角色内行为间总效应标准化估计值为 0.279，95% 置信区间为 0.107—0.370，双尾显著性检验结果显著，即组织内经济性交换对角色内行为总效应 c 显著。BC（Bias-corrected）偏差校正法估计的直接效应标准化估计值为 0.215，95% 置信区间为 0.172—0.321，双尾显著性检验结果显著，即组织内经济性交换对角色内行为直接效应显著。说明加入中介变量（自我身份认同）后，组织内经济性交换对角色内行为的直接效应 c' 显著。间接效应标准化估计值为 0.064，95% 置信区间为 0.034—0.267，双尾显著性检验结果显著，即组织内经济性交换对角色内行为间接效应显著。说明加入中介变量（自我身份认同）后，组织内经济性交换对角色内行为的间接效应显著，系数 ab 显著。且 ab 和 c' 同号，则可判定自我身份认同在组织内经济性交换及角色内行为之间起部分中介作用，假设 6 得以验证。中介效应占总效应的比例为 $ab/c = 0.044/0.306 = 0.144$，即中介效应占总效应的 14.4%。

表 5-6　自我身份认同在组织内交换及角色内行为间的中介作用各效应标准化估计值及显著性（N=1223）

			组织内社会性交换	组织内经济性交换	自我身份认同	角色内行为
总效应	标准化估计值	自我身份认同	0.153	0.308	0.000	0.000
		角色内行为	0.349	0.279	0.208	0.000
	下限值	自我身份认同	0.066	0.214	0.000	0.000
		角色内行为	0.289	0.107	0.124	0.000

			组织内 社会性交换	组织内 经济性交换	自我 身份认同	角色内 行为
总效应	上限值	自我身份认同	0.224	0.556	0.000	0.000
		角色内行为	0.416	0.370	0.368	0.000
	双尾显著性	自我身份认同	0.007	0.005	—	
		角色内行为	0.001	0.005	0.003	—
直接效应	标准化估计值	自我身份认同	0.153	0.308	0.000	0.000
		角色内行为	0.276	0.215	0.208	0.000
	下限值	自我身份认同	0.066	0.214	0.000	0.000
		角色内行为	0.247	0.172	0.124	0.000
	上限值	自我身份认同	0.224	0.556	0.000	0.000
		角色内行为	0.382	0.321	0.368	0.000
	双尾显著性	自我身份认同	0.007	0.005	—	—
		角色内行为	0.001	0.002	0.003	—
间接效应	标准化估计值	自我身份认同	0.000	0.000	0.000	0.000
		角色内行为	0.032	0.064	0.000	0.000
	下限值	自我身份认同	0.000	0.000	0.000	0.000
		角色内行为	0.017	0.034	0.000	0.000
	上限值	自我身份认同	0.000	0.000	0.000	0.000
		角色内行为	0.063	0.267	0.000	0.000
	双尾显著性	自我身份认同	—	—	—	—
		角色内行为	0.004	0.002	—	—

四、自我身份认同在组织内交换与离职意愿间的中介作用

自我身份认同在组织内社会性交换、组织内经济性交换以及离职意愿间的中介作用的总效应、直接效应及间接效应如表5-7所示。

表5-7　自我身份认同在组织内交换及离职意愿间的中介作用
各效应标准化估计值及显著性（N=1223）

			组织内社会性交换	组织内经济性交换	自我身份认同	离职意愿
总效应	标准化估计值	自我身份认同	0.153	0.308	0.000	0.000
		离职意愿	-0.459	0.312	-0.076	0.000
	下限值	自我身份认同	0.066	0.214	0.000	0.000
		离职意愿	-0.518	0.212	-0.406	0.000
	上限值	自我身份认同	0.224	0.556	0.000	0.000
		离职意愿	-0.392	0.434	0.003	0.000
	双尾显著性	自我身份认同	0.007	0.005	—	—
		离职意愿	0.001	0.002	0.115	—
直接效应	标准化估计值	自我身份认同	0.153	0.308	0.000	0.000
		离职意愿	-0.447	0.335	-0.076	0.000
	下限值	自我身份认同	0.066	0.214	0.000	0.000
		离职意愿	-0.508	0.219	-0.406	0.000
	上限值	自我身份认同	0.224	0.556	0.000	0.000
		离职意愿	-0.365	0.689	0.003	0.000
	双尾显著性	自我身份认同	0.007	0.005	—	—
		离职意愿	0.001	0.002	0.115	—
间接效应	标准化估计值	自我身份认同	0.000	0.000	0.000	0.000
		离职意愿	-0.012	-0.024	0.000	0.000
	下限值	自我身份认同	0.000	0.000	0.000	0.000
		离职意愿	-0.057	-0.286	0.000	0.000
	上限值	自我身份认同	0.000	0.000	0.000	0.000
		离职意愿	-0.001	0.000	0.000	0.000
	双尾显著性	自我身份认同	—	—	—	—
		离职意愿	0.079	0.092	—	—

统计结果显示组织内社会性交换与离职意愿间总效应标准化估计值
为-0.459，95%置信区间为-0.392—-0.518，双尾显著性检验结果显著，

即组织内社会性交换对角色内行为总效应 c 显著。间接效应标准化估计值为-0.012，95% 置信区间为-0.001—-0.057，但双尾显著性检验结果不显著（p>0.05），说明加入中介变量（自我身份认同）后，组织内社会性交换对离职意愿的间接效应不显著，假设 3 无法得以验证。

对自我身份认同在组织内经济性交换及离职意愿间的中介效应进行探讨，统计结果显示组织内经济性交换与离职意愿间总效应标准化估计值为 0.312，95% 置信区间为 0.212—0.434，双尾显著性检验结果显著，即组织内社会性交换对离职意愿的总效应 c 显著。间接效应标准化估计值为-0.024，95% 置信区间为 0.000—-0.286，置信区间包含 0，且双尾显著性检验结果不显著（p>0.05），说明加入中介变量（自我身份认同）后，组织内社会性交换对离职意愿间接效应不显著，假设 7 无法得以验证。

五、自我身份认同在组织内交换与工作满意度间的中介作用

自我身份认同在组织内社会性交换、组织内经济性交换以及工作满意度间的中介作用的总效应、直接效应及间接效应如表 5-8 所示。

表 5-8 自我身份认同在组织内交换及工作满意度间的中介作用
各效应标准化估计值及显著性（N=1223）

			组织内社会性交换	组织内经济性交换	自我身份认同	工作满意度
总效应	标准化估计值	自我身份认同	0.153	0.308	0.000	0.000
		工作满意度	0.731	-0.111	0.156	0.000
	下限值	自我身份认同	0.066	0.214	0.000	0.000
		工作满意度	0.656	-0.340	0.056	0.000
	上限值	自我身份认同	0.224	0.556	0.000	0.000
		工作满意度	0.783	-0.003	0.514	0.000
	双尾显著性	自我身份认同	0.007	0.005	—	—
		工作满意度	0.001	0.112	0.013	—

			组织内社会性交换	组织内经济性交换	自我身份认同	工作满意度
直接效应	标准化估计值	自我身份认同	0.153	0.308	0.000	0.000
		工作满意度	0.707	−0.159	0.156	0.000
	下限值	自我身份认同	0.066	0.214	0.000	0.000
		工作满意度	0.599	−0.774	0.056	0.000
	上限值	自我身份认同	0.224	0.556	0.000	0.000
		工作满意度	0.764	−0.022	0.514	0.000
	双尾显著性	自我身份认同	0.007	0.005	—	—
		工作满意度	0.001	0.040	0.013	—
间接效应	标准化估计值	自我身份认同	0.000	0.000	0.000	0.000
		工作满意度	0.024	0.048	0.000	0.000
	下限值	自我身份认同	0.000	0.000	0.000	0.000
		工作满意度	0.010	0.018	0.000	0.000
	上限值	自我身份认同	0.000	0.000	0.000	0.000
		工作满意度	0.077	0.414	0.000	0.000
	双尾显著性	自我身份认同	—	—	—	—
		工作满意度	0.009	0.008	—	—

统计结果显示组织内社会性交换与工作满意度间总效应标准化估计值为 0.731，95% 置信区间为 0.656—0.783，双尾显著性检验结果显著，即组织内社会性交换对工作满意度总效应 c 显著。BC（Bias-corrected）偏差校正法估计的直接效应标准化估计值为 0.707，95% 置信区间为 0.599—0.764，双尾显著性检验结果显著，即表明加入中介变量（自我身份认同）后，组织内社会性交换对工作满意度直接效应 c' 显著。间接效应标准化估计值为 0.024，95% 置信区间为 0.010—0.077，双尾显著性检验结果显著，即组织内社会性交换对工作满意度间接效应显著。说明加入中介变量（自我身份认同）后，组织内社会性交换对工作满意度的间接效应显著，系数 ab 显著。且 ab 和 c' 同号，则可判定自我身份认同在

组织内社会性交换及工作满意度之间起部分中介作用，假设 4 得以验证，中介效应占总效应的比例为 $ab/c = 0.024/0.731 = 0.033$，即中介效应占总效应的 3.3%。

对自我身份认同在组织内经济性交换及工作满意度间的中介效应进行探讨，统计结果显示组织内经济性交换与工作满意度间总效应标准化估计值为 -0.111，95% 置信区间为 $-0.340 - -0.003$，双尾显著性检验结果显著，即组织内经济性交换对工作满意度总效应 c 显著。BC（Bias-corrected）偏差校正法估计的直接效应标准化估计值为 -0.159，95% 置信区间为 $-0.774 - -0.022$，双尾显著性检验结果显著，即组织内经济性交换对工作满意度直接效应显著。说明加入中介变量（自我身份认同）后，组织内经济性交换对工作满意度的直接效应 c' 显著。间接效应标准化估计值为 0.048，95% 置信区间为 $0.018 - 0.414$，双尾显著性检验结果显著，即组织内经济性交换对工作满意度间接效应显著。说明加入中介变量（自我身份认同）后，组织内经济性交换对工作满意度的间接效应显著，系数 ab 显著。系数 ab 与 c 异号，则可判定自我身份认同在组织内社会性交换及工作满意度之间为遮掩效应，假设 8 得以验证。间接效应与直接效应之比的绝对值 $|ab/c'| = |0.044/-0.179| = 0.246$。

第三节　新生代农民工自我身份认同的中介作用及讨论

身份认同的研究指出个体基于自我认知及社会情景而界定自己身份并产生相一致的行为，且行为会不断调整以保持其与身份意义的一致性（Burke，1991）[①]。而社会比较理论认为不同群体间的比较影响自我认同，

---

① Burke, P. J., 1991, "Identity processes and social stress", *American Sociological Review*, pp. 836-849.

并使得个体不断调整和明确自我身份（杨东涛、秦伟平，2013)[①]。对于新生代农民工而言，其对农民身份的明确及认同程度，在一定程度上影响其相应工作心理以及行为。本研究结果表明，新生代农民工对其农民身份的认同程度在组织内社会性交换及组织内经济性交换与情感承诺、角色内行为以及工作满意度间起中介作用，即新生代农民工所感知的组织内社会性及经济性交换对其一系列工作心理行为的影响是通过影响其对农民身份的认同而实现的。该结论类似于现有针对知识型员工的研究成果。Thibaut 和 Kelly（1959)[②] 指出员工与他人的关系将影响其对自我的认知并进而影响行为；宫淑燕（2014)[③] 通过实证调查研究指出知识性员工的自我身份认同对工作绩效产生一定的影响。因此，本研究检验结果一定程度上验证并拓展了身份认同在组织内交换及工作心理行为中作用机制的研究。

但研究数据显示新生代农民工自我身份认同的中介效应虽然显著，但其在组织内社会性交换与情感承诺、角色内行为及工作满意度间的中介效应仅为 2.7%、9.2%以及 3.3%，而自我身份认同在组织内经济性交换与角色内行为间的中介效应为 14.4%，在组织内经济性交换与情感承诺及工作满意度间则为遮掩效应。对比现有针对知识型员工群体的相关研究（宫淑燕，2014)，新生代农民工自我身份认同中介效应较小，其原因可能在于新生代农民工身份认同尚处于混沌状态。作为在城市从事非农业生产的特殊人群，新生代农民工较父辈文化水平及生活条件均大为改善，其进城务工的目的不局限于获得更高的经济收入，而是能够更好地适应并融入城市生活。较丰富的城市体验以及较淡薄的乡土记忆使得

---

① 杨东涛、秦伟平：《群际关系视角下新生代农民工身份定位与工作嵌入关系研究》，《管理学报》2013 年第 4 期。

② Kelly, H. H., Thibaut, J. W., 1959, *The Social Psychology of Groups*, New York.

③ 宫淑燕：《新生代知识员工自我认同对组织行为的作用机理研究》，博士学位论文，西北工业大学 2015 年。

新生代农民工对市民身份的向往及认同进一步增加，但是户籍制度仍然将其限定为农业人口，而现有的众多政策限制以及社会融入交往中的隔阂使得其无法在城市中找到身份的归属。这种身份转化过程中的障碍进一步使得新生代农民工其自我身份认同的模糊性，而处于社会弱势群体地位的新生代农民工对自身农民身份的感知也更为敏感，因而加深了其对农民身份的认同。

第四节　本章小结

本章的研究首先借鉴身份认同理论观点，结合相关研究对组织内社会性交换、组织内经济性交换、身份认同以及情感承诺等工作心理行为的作用机制提出研究假设。研究基于所得样本数据运用 SPSS 相关分析、结构方程模型等统计方法分析指出，自我身份认同在组织内交换与情感承诺、角色内行为、工作满意度及作用机制中起部分中介作用。最后，对所得研究结果进行总结并进行相关分析及讨论。

第六章 产业园区完善度的调节作用
——以珠三角为例

当前新生代农民工的分布呈现集中化的趋势。据广东省 2010 年新生代农民工调查报告显示，高达 92% 的新生代农民工分布在珠三角地区，以深圳、东莞、广州、佛山四市为主，并主要以产业园区为聚集区域。产业园区聚集了一定区域范围内的物资、资金和技术，提供大量就业机会及较高的经济收入，因此对新生代农民工产生巨大的辐射力及吸引力，吸引大量新生代农民工聚集就业，逐渐成为其就业居住的核心聚集地。

但目前产业园区仍然存在诸多问题，例如基础设施不完善、居住条件较为恶劣、公共卫生体系不健全等，导致一系列问题，例如与组织及其领导社会交换关系质量降低、工作满意度及组织承诺降低、离职倾向增加等问题出现。完善的产业园区环境有助于新生代农民工感知组织对其工作及生活的支持和投入，进而提高工作心理行为及绩效水平。

第一节 珠三角地区产业园区的特点

城市环境建设对城市产业转型及经济发展均具有重要的引导作用，而作为城市建设的主体，企业员工的工作心理行为也受到工作环境的影响。环境可分为硬环境及软环境两方面，硬环境主要为自然资源、地理条件、基础建设及生态环境等物质条件，而软环境主要包括社会管理、服务效率、社会安全等周边环境及所处氛围（徐雨森等，2003）①。互惠原则指出个体会积极回报对自己付出的个人，并为获得最大个人利益而建立联系（Masterson 等，2000）②，当员工个体感受到来自组织及周围所提供的环境及资源支持时，会表现出更好的工作行为及更高的工作满意度。有学者就工作环境对员工个体的绩效及离职倾向的影响展开了一系列相关研究，但研究主体多集中于医护人员、高校教师等知识型员工群体。黄荻锶（2014）③ 的实证研究表明，工作环境与知识型员工的创新行为显著相关，且良好的工作环境能够让员工体验到积极的情感情绪，进而产生工作满意度；由由（2014）④ 指出高校教师对工作环境的感知及工作满意度对离职倾向有显著影响。

作为城市建设的一线主力，新生代农民工群体多数不具备从事农业生产的技能，虽然户籍仍为农业户口，但心理上已从第一代农民工的"城市过客"转变为"城市主体"的心态。新生代农民工向往城市体验并留在城市生活定居，作为新生代农民工集中的产业园区则成为其就业居住的核心聚集地。但目前产业园区仍存在基础设施不完善、居住条件较为恶劣、公共卫生体系不健全、文化娱乐设施缺乏、园区规划不合理等现状，工作生活环境有待改进。当新生代农民工较少感受到来自组织及周围所提供的环境及资源支持时，其对组织的归属感降低，并感知到个体身份受到区别对待，进而表现为较低的工作心理行为，较高的离职率及较低的满意度等。基于以上分析，提出假设如下：

---

① 徐雨森、戴大双：《软硬环境在资源型城市经济发展中的地位》，《大连理工大学学报（社会科学版）》2003 年第 1 期。
② Masterson, S. S., Lewis, K., Goldman, B. M., & Taylor, M. S., 2000, "Integrating justice and social exchange: The differing effects of fair procedures and treatment on work relationships", *Academy of Management Journal*, Vol. 43 (4), pp. 738-748.
③ 黄荻锶：《工作环境对知识型员工创新行为影响机理研究》，博士学位论文，西南财经大学 2014 年。
④ 由由：《高校教师流动意向的实证研究：工作环境感知与工作满意的视角》，《北京大学教育评论》2014 年第 4 期。

假设 1：产业园区规划完善度在新生代农民工组织内社会性交换与情感承诺中起调节作用。

假设 2：产业园区规划完善度在新生代农民工组织内社会性交换与角色内行为中起调节作用。

假设 3：产业园区规划完善度在新生代农民工组织内社会性交换与离职意愿中起调节用。

假设 4：产业园区规划完善度在新生代农民工组织内社会性交换与工作满意度间中起调节作用。

假设 5：产业园区规划完善度在新生代农民工组织内经济性交换与情感承诺中起调节作用。

假设 6：产业园区规划完善度在新生代农民工组织内经济性交换与角色内行为起调节作用。

假设 7：产业园区规划完善度在新生代农民工组织内经济性交换与离职意愿中起调节作用。

假设 8：产业园区规划完善度在新生代农民工组织内经济性交换与工作满意度间中起调节作用。

第二节　产业园区完善度调节效应分析

在对产业园区完善度的调节作用的检验中需要进行多层回归分析。本研究将采用 SPSS19.0 对数据进行检验及分析。由于研究中存在多个自变量，多层回归分析前需对自变量是否存在多重共线性的进行探讨。本研究将主要采用容忍度（Tolerance）及方差膨胀因子（variance inflation factor，VIF）作为判断指标，容忍度愈接近于 0，VIF 值越大，则变量间存在多重共线性的可能性愈大（陈宽裕、王正华，2011）①。当容忍度大于

---

① 陈宽裕、王正华：《论文统计分析实务：SPSS 与 AMOS 的运用》，台北五南图书出版股份有限公司 2011 年版。

0.1、方差膨胀因子小于 10 及条件指数小于 30 时，可认定自变量之间多重共线性不显著。对各变量的多重共线性分析（表 6-1）可得，各自变量的容忍度均大于 0.1，且方差膨胀因子均小于 10。分析结果表明，自变量之间不存在多重共线性，可进行后续研究。

表 6-1 产业园区完善度调节效应共线性诊断（N=1223）

变量	模型 1		模型 2		模型 3		模型 4	
	Tolerance	VIF	Tolerance	VIF	Tolerance	VIF	Tolerance	VIF
性别	0.962	1.039	0.959	1.043	0.957	1.045	0.956	1.046
婚姻	0.562	1.780	0.561	1.782	0.561	1.782	0.559	1.789
年龄	0.437	2.290	0.431	2.323	0.428	2.334	0.427	2.341
工作年限	0.505	1.980	0.502	1.993	0.497	2.012	0.497	2.013
组织内社会性交换（SE）			0.975	1.026	0.861	1.161	0.855	1.169
组织内经济性交换（EE）			0.988	1.012	0.983	1.018	0.975	1.025
产业园区完善度（EM）					0.873	1.145	0.864	1.157
SE×EM							0.968	1.033
EE×EM							0.987	1.013

此外，为探讨调节变量的作用，需取得交互作用项即自变量与调节变量的乘积。为最大程度降低多重共线性的可能性，因此将自变量及调节变量标准化处理再产生乘积变量。温忠麟（2006）[1] 等提出有中介的调节效应显著应符合以下三个条件：（1）做因变量对自变量、调节变量及自变量与调节变量乘积项的回归，乘积项的系数显著；（2）做中介变量对自变量、调节变量及自变量与调节变量乘积项的回归，乘积项

----

① 温忠麟、张雷、侯杰泰：《有中介的调节变量和有调节的中介变量》，《心理学报》2006年第 3 期。

系数显著；（3）做因变量对自变量、调节变量、自变量与调节变量乘积项以及中介变量的回归，中介变量的系数显著。如果在步骤（3）中乘积项系数不显著，则说明调节变量的效应完全通过中介变量产生作用。

一、产业园区完善度对于组织内交换及情感承诺的调节作用

1. 产业园区完善度的调节作用

为避免研究变量受其他变量干扰以更好地检验调节变量的作用效果，研究开始将对人口统计学变量进行控制。由相关性分析可得人口统计学变量中性别、婚姻状况、年龄及工作年限四个变量与情感承诺显著相关，应予以控制。采用分层回归进行检验并构建模型。模型1将人口统计学控制变量作为自变量对因变量情感承诺进行回归；模型2于模型1基础上加入自变量组织内社会性交换及组织内经济性交换；模型3再加入调节变量产业园区完善度；模型4于模型3基础上加入组织内社会性交换及组织内经济性交换与调节变量的乘积项；模型5加入中介变量身份认同。多层回归分析结果如表6-2所示。在纳入人口统计变量作为控制变量后，逐步加入自变量组织内社会性交换、组织内经济性交换以及调节变量产业园区完善度和乘积交互项进行回归。回归结果表明，产业园区完善度对组织内经济性交换（$\beta = -0.073$，$p < 0.005$）与情感承诺之间关系的调节作用显著；对组织内社会性交换（$\beta = -0.007$，$p > 0.005$）与情感承诺之间关系的调节作用并不显著。因此，假设5得以证实，而假设6无法得到证实。

2. 产业园区完善度有中介的调节作用

为进一步检验产业园区完善度对组织内经济性交换与情感承诺间是否存在"有中介的调节"作用，研究将中介变量自我身份认同作为结果

变量纳入多层回归分析中并构建模型6，探讨其对自变量、调节变量及自变量与调节变量乘积交互项的回归。表6-2分析结果显示，中介变量自我身份认同对乘积交互项的回归系数不显著，产业园区完善度仅为调节作用，不存在"有中介的调节"效应。

表6-2　产业园区完善度对组织内交换及情感承诺的
调节作用多层回归分析（N=1223）

变量		情感承诺					自我身份认同
		模型1	模型2	模型3	模型4	模型5	模型6
控制变量	性别	0.071*	0.045	0.038	0.037	0.043	-0.080***
	婚姻	-0.090*	-0.084**	-0.083**	-0.083**	-0.079**	-0.057
	年龄	0.109*	0.006	0.022	0.018	0.020	-0.033
	工作年限	-0.065	-0.010	-0.030	-0.028	-0.032	0.047
预测变量	组织内社会性交换（SE）		0.581***	0.526***	0.522***	0.518***	0.065*
	组织内经济性交换（EE）		-0.040	-0.051*	-0.056*	-0.072***	0.237***
调节变量	产业园区完善度（EM）			0.160***	0.156***	0.146***	0.145***
乘积交互项	SE×EM				-0.007	-0.010	0.049
	EE×EM				-0.073***	-0.070***	-0.045
中介变量	自我身份认同（ID）					0.070***	
	R^2	0.028	0.363	0.385	0.390	0.395	0.105
	ΔR^2	0.028	0.335	0.022	0.005	0.004	
	F	8.752***	115.490***	108.774***	86.344***	79.070***	15.868***

注：所列数据为标准β系数，＊＊＊表示$p<0.005$，＊＊表示$p<0.01$，＊表示$p<0.05$。

二、产业园区完善度对于组织内交换及角色内行为的调节作用

1. 产业园区完善度的调节作用

对人口统计变量与因变量角色内行为进行相关性分析，分析可得婚姻、户籍性质、年龄以及工作年限与因变量显著相关。为避免研究变量受其他变量干扰以更好地检验调节变量的作用效果，应采取对显著相关的人口统计学相关变量进行控制。研究采用分层回归进行检验并构建相关模型。依次做因变量对自变量、调节变量、自变量与调节变量乘积项以及中介变量的回归，并构建模型1至模型5（表6-3）。研究结果表明因变量即角色内行为对自变量与调节变量乘积项的回归系数均达到显著水平，回归结果表明产业园区完善度对组织内社会性交换（$\beta = 0.058$，$p < 0.05$）、组织内经济性交换（$\beta = -0.110$，$p < 0.005$）与角色内行为之间关系的调节作用均显著。因此假设2以及假设6得到验证。

2. 产业园区完善度有中介的调节作用

为进一步检验产业园区完善度与组织内交换及角色内行为间的调节作用是否为"有中介的调节"，研究将中介变量自我身份认同作为因变量纳入多层回归分析中，做身份认同对自变量、调节变量、自变量与调节变量乘积项的回归，以检验调节变量是否为"有中介的调节"。分析结果显示虽然因变量角色内行为对中介变量身份认同的回归系数显著（$\beta = 0.147$，$p < 0.005$），但中介变量自我身份认同对自变量与调节变量乘积项的回归系数并不显著，因此产业园区完善度在组织内社会性交换及组织内经济性交换与角色内行为间关系中仅有调节作用，不存在"有中介的调节"效应。

表6-3　产业园区完善度对组织内交换及角色内行为的
调节作用多层回归分析（N=1223）

变量		角色内行为					自我身份认同
		模型1	模型2	模型3	模型4	模型5	模型6
控制变量	婚姻	-0.034	-0.035	-0.042	-0.042	-0.030	-0.080***
	户籍性质	0.027	0.021	0.022	0.028	0.037	-0.057
	年龄	0.143**	0.104*	0.120*	0.118*	0.123*	-0.033
	工作年限	0.037	0.045	0.024	0.027	0.020	0.047
预测变量	组织内社会性交换（SE）		0.214***	0.159***	0.158***	0.148***	0.065*
	组织内经济性交换（EE）		0.156***	0.145***	0.142***	0.107***	0.237***
调节变量	产业园区完善度（EM）			0.162***	0.163***	0.142***	0.145***
自变量乘积交互项	SE×EM				0.058*	1.881	0.049
	EE×EM				-0.110***	-3.867***	-0.045
中介变量	自我身份认同（ID）					0.147***	
	R²	0.025	0.090	0.113	0.128	0.148	0.105
	ΔR²	0.025	0.065	0.107	0.016	0.019	
	F	7.822***	19.998***	22.025***	19.860***	21.016***	15.868***

注：所列数据为标准β系数，＊＊＊表示p<0.005，＊＊表示p<0.01，＊表示p<0.05。

三、产业园区完善度对于组织内交换及离职意愿的调节作用

1. 产业园区完善度的调节作用

相关性分析表明人口统计变量中性别、婚姻、户籍、年龄及工作年

限与因变量离职意愿存在显著相关，因此为避免研究受到干扰以更好地检验调节变量的效果，进行多重回归分析前应予以控制。依次做因变量离职意愿对自变量组织内社会性交换、组织内经济性交换、调节变量产业园区完善度、自变量与调节变量乘积项以及中介变量身份认同的回归，构建模型 1 至模型 5（表6-4）。

表6-4 产业园区完善度对组织内交换及离职意愿的
调节作用多层回归分析（N=1223）

变量		离职意愿					自我身份认同
		模型 1	模型 2	模型 3	模型 4	模型 5	模型 6
控制变量	性别	-0.056	-0.030	-0.030	-0.030	-0.029	-0.080***
	婚姻	0.095*	0.^84*	0.084*	0.079*	0.080*	-0.057
	户籍	-0.002	0.009	0.009	0.009	0.008	-0.033
	年龄	-0.008	0.047	0.048	0.048	0.048	
	工作年限	-0.065	-0.112***	-0.113***	-0.115***	-0.116***	0.047
预测变量	组织内社会性交换(SE)		-0.311***	-0.313***	-0.313***	-0.314***	0.065*
	组织内经济性交换(EE)		0.239***	0.239***	0.240***	0.237***	0.237***
调节变量	产业园区完善度（EM）			0.007	0.004	0.003	0.145***
自变量乘积交互项	SE×EM				-0.053*	-0.053*	0.049
	EE×EM				0.077***	0.078***	-0.045
中介变量	自我身份认同（ID）					0.013	
	R^2	0.026	0.187	0.187	0.196	0.196	0.105

续表

变量	离职意愿					自我身份认同
	模型1	模型2	模型3	模型4	模型5	模型6
ΔR^2	0.026	0.161	0.000	0.009	0.000	
F	6.539***	39.934***	34.922***	29.548***	26.864***	15.868***

注：所列数据为标准β系数，＊＊＊表示 $p < 0.005$，＊＊表示 $p < 0.01$，＊表示 $p < 0.05$。

研究分析结果表明因变量即离职意愿对自变量与调节变量乘积项的回归系数均达到显著水平，回归分析结果表明产业园区完善度对组织内社会性交换（$\beta = -0.053$，$p < 0.05$）、组织内经济性交换（$\beta = 0.077$，$p < 0.005$）与离职意愿之间关系的调节作用均显著。因此假设3以及假设7得到验证。

2. 产业园区完善度有中介的调节作用

为验证产业园区完善度在组织内社会性交换、组织内经济性交换及离职意愿间的调节作用是否为"有中介的调节"，研究将中介变量自我身份认同作为因变量纳入多层回归分析中，做自我身份认同对自变量、调节变量、自变量与调节变量乘积项的回归并构建模型6，以检验调节变量是否为有中介的调节。检验结果显示，中介变量自我身份认同对自变量与调节变量乘积项的回归系数并不显著，且因变量离职意愿对中介变量自我身份认同的回归系数也不显著。由此可得，产业园区完善度在组织内社会性交换及组织内经济性交换与离职意愿间关系中仅有调节作用，不存在"有中介的调节"效应。

四、产业园区完善度对于组织内交换及工作满意度的调节作用

1. 产业园区完善度的调节作用

相关性分析表明人口统计变量中婚姻、年龄及工作年限与因变量工

作满意度存在显著相关,因此在进行调节变量效应检验时应对显著相关的变量进行控制。依次做因变量对自变量组织内社会性交换、组织内经济性交换、调节变量产业园区完善度、自变量与调节变量乘积项以及中介变量身份认同的回归,构建模型1至模型5(表6-5)。研究分析表明,产业园区完善度对组织内经济性交换(β=-0.64,p<0.005)与工作满意度之间关系的调节作用显著,对组织内社会性交换与工作满意度的调节作用并不显著。因此,假设8得以证实,而假设4无法得到证实。

2. 产业园区完善度有中介的调节作用

为检验产业园区完善度在组织内经济性交换与工作满意度的关系中是否为"有中介的调节",将中介变量作为因变量,做中介变量自我身份认同对自变量、调节变量及自变量与调节变量乘积项的回归,构建模型6。检验结果显示,虽然因变量离职意愿对中介变量自我身份认同的回归系数显著,但中介变量自我身份认同对自变量与调节变量乘积项的回归系数并不显著,因此产业园区完善度在组织内经济性交换与工作满意度的关系中仅有调节作用,不存在"有中介的调节"效应。

表6-5 产业园区完善度对组织内交换及工作满意度的
调节作用多层回归分析(N=1223)

变量		工作满意度					自我身份认同
		模型1	模型2	模型3	模型4	模型5	模型6
控制变量	婚姻	-0.048	-0.036	-0.032	-0.030	-0.028	-0.057
	年龄	0.063	-0.028	-0.005	-0.006	-0.005	
	工作年限	0.004	0.060	0.031	0.033	0.030	0.047
预测变量	组织内社会性交换(SE)		0.520***	0.442***	0.441***	0.437***	0.065*
	组织内经济性交换(EE)		-0.072***	-0.087***	-0.090***	-0.102***	0.237***

续表

变量		工作满意度					自我身份认同
		模型 1	模型 2	模型 3	模型 4	模型 5	模型 6
调节变量	产业园区完善度（EM）			0.226***	0.225***	0.218***	0.145***
自变量乘积交互项	SE×EM				0.019	0.016	0.049
	EE×EM				-0.064***	-0.062***	-0.045
中介变量	自我身份认同（ID）					0.050*	
R²		0.011	0.286	0.331	0.335	0.338	0.105
ΔR²		0.011	0.275	0.045	0.005	0.002	
F		4.376***	97.492***	100.155***	76.540***	68.681***	15.868***

注：所列数据为标准 β 系数，＊＊＊表示 p<0.005，＊＊表示 p<0.01，＊表示 p<0.05。

第三节　产业园区调节作用及讨论

作为为个体提供生活生产的相关物质资源及氛围的必要条件，环境对工作心理及绩效具有显著影响。产业园区作为新生代农民工就业居住的核心聚集地，其完善程度对新生代农民工身份的辨识、角色内行为等也具有一定的影响。本研究旨在探讨产业园区完善程度、组织内交换及工作心理及行为的作用机制。

研究结果表明：

（1）产业园区完善度对组织内社会性交换与角色内行为及离职意愿

间关系的调节作用显著，对组织内社会性交换与情感承诺及工作满意度间关系的调节作用不显著。

（2）产业园区完善度对组织内经济性交换与情感承诺、角色内行为、离职意愿及工作满意度间关系的调节作用均显著。

（3）产业园区完善度对组织内交换与工作心理及行为各变量间关系均不存在有中介的调节作用。

一、产业园区完善程度在组织内社会性交换对心理行为影响中的调节作用

组织内社会性交换强调长期的情感导向的交换。现有研究指出，当员工感知到较高程度的组织内社会性交换时，即更多地感知到组织对自己的支持以及情感关怀，其对所在组织的归属感、情感承诺以及工作满意度会相应增加，而离开本组织的意愿则会相应降低（Eisenberger，2002）[①]。本研究对新生代农民工群体组织内交换对心理行为的影响进行了探讨，研究结果表明类似于知识型员工群体，新生代员工对组织内社会性交换的感知程度与角色内行为显著正相关，而与离职意愿显著负相关。

本研究将组织内社会性交换对产业园区完善程度、情感承诺等心理及行为各变量进行多层回归以探讨产业园区完善度在组织内社会性交换对心理行为各变量影响中的调节作用。回归结果表明，产业园区完善程度对组织内社会性交换与离职意愿的关系（$\beta = -0.053$，$p < 0.05$）呈显著的负向影响，而组织内社会性交换与离职意愿显著负相关，说明产业园区完善程度强化了组织内社会性交换对离职意愿的影响，即产业园区完

---

① Eisenberger, R., Stinglhamber, F., Vandenberghe, C., Sucharski, L., Rhoades, L., 2002, "Perceived supervisor support: contributions to perceived organizational support and employee retention", *Journal of Applied Psychology*, Vol. 87, pp. 565-573.

善程度越高，周围环境设施越齐全，组织内社会性交换与离职意愿的负向关系越强。原因可能为除从所属组织获得一定的承诺及支持外，新生代农民工也可从所在园区获得一定的资源及支持。当感受到来自组织及所在园区的支持及关心，其对组织及所在园区的情感依赖及承诺也相应加强，而离开组织的意愿也相应降低。

此外，回归结果也显示产业园区完善度对组织内社会性交换与角色内行为（β=0.058，p<0.05）的关系有显著的正向影响，而组织内社会性交换与角色内行为显著正相关，则说明产业园区完善程度强化了组织内社会性交换对角色内行为的正向影响，即产业园区周边环境愈完善，组织内社会性交换与角色内行为的正向关系越强。当新生代农民工感受到来自组织及周围环境的支持及关心时，其归属感及认同感会增加，并产生更多的积极行为以对接受的支持及承诺进行回应。

二、产业园区完善程度在组织内经济性交换对心理行为影响中的调节作用

区别于组织内社会性交换，组织内经济性交换更为强调物质的、短期的经济回报。当员工感知到较高水平的组织内经济性交换时，意味着员工认为与组织的关系仅限于明确的物质交换关系，对组织的归属及情感承诺较低，而经济契约的终止即为关系的终结。本研究对组织内社会性交换及经济性交换相关关系的研究表明，新生代农民工对组织内社会性交换及组织内经济性交换的感知程度呈显著负相关，即新生代农民工感知到来自组织的支持及认同程度越高，其将与组织间关系定位于短期的经济交换的程度则降低。此外，研究结果还显示新生代农民工群体对组织内经济性交换的感知程度与情感承诺及工作满意度显著负相关，而与角色内行为及离职意愿显著正相关。因为来自组织的支持较少，因而新生代农民工群体对经济收入的需求更加迫切，只有通过完成相应角色

内行为并获得足够的经济收入才能有较为稳定的生活。而当现有收入未能达到其期望或出现更高收入的工作时，新生代农民工缺少与组织的其他情感羁绊，离开当前工作的可能性更高，离职意愿显著增加。

本研究将组织内经济性交换对产业园区完善度、情感承诺等心理及行为变量进行多层回归以探讨产业园区完善度在组织内经济性交换对心理行为各变量影响中的调节作用。结果显示，产业园区完善度对组织内经济性交换与离职意愿的关系（$\beta = 0.077$，$p < 0.005$）有显著的正向影响，而组织内经济性交换与离职意愿显著正相关，这表明产业园区完善程度强化了组织内经济性交换对离职意愿的影响，即产业园区完善程度愈高，组织内经济性交换与离职意愿间的正向关系就越强。其原因可能是由于所处园区具有较好的生活、教育环境以及较为完善的制度保障，当新生代农民工与原企业终止劳务关系或寻求更好工作机会时，因离职所造成的生活困境的可能性相应降低。较好的居住和医疗保障使得新生代农民工在暂无工作收入时也能确保生存，因而对离职的顾虑相应降低。

除离职意愿外，产业园区完善度对组织内经济性交换与情感承诺（$\beta = -0.073$，$p < 0.005$）、角色内行为（$\beta = -0.110$，$p < 0.005$）及工作满意度（$\beta = -0.64$，$p < 0.005$）的关系均为显著的负向影响。组织内经济性交换与角色内行为显著正相关，则说明产业园区完善程度弱化组织内经济性交换对角色内行为的正向影响。由于所处生活环境及制度环境较为完善，获得经济收入并非新生代农民工获得稳定生活并提高生活质量的唯一途径，因此依靠完成角色内行为而获得经济收入的意愿相应减少。

此外，组织内经济性交换与情感承诺及工作满意度均为显著负相关，产业园区完善度对二者存在显著的负向影响，说明产业园区完善程度强化了组织内经济性交换对情感承诺及工作满意度的影响，即产业园区完善程度愈高，组织内经济性交换与情感承诺及工作满意度的负向关系愈强。当新生代农民工更多地感知到与组织间关系仅为短期的经济回报关系，而此时来源于所处园区的资源及制度支持增加，其对所属组织的依赖程度及情感承诺则会相应降低，工作满意度也相应减少。

第四节　本章小结

本章通过自编并已检验的产业园区完善程度测量问卷，构建并探索产业园区环境对组织内社会性交换及组织内经济性交换与工作心理及行为各变量间关系有中介的调节效应。研究基于所获得样本数据结合 SPSS 多层回归分析认为：产业园区完善度在组织内交换及工作心理及行为各变量间均不存在有中介的调节作用；产业园区完善度对组织内经济性交换与情感承诺、角色内行为、离职意愿及工作满意度间关系的调节作用均显著，其中对离职意愿呈正向影响，对情感承诺、角色内行为以及离职意愿呈负向影响；产业园区完善度对组织内社会性交换与角色内行为及离职意愿间关系的调节作用显著，其中对角色内行为呈正向影响，对离职意愿呈负向影响，而对组织内社会性交换与情感承诺及工作满意度间关系的调节作用不显著。

第七章　新生代农民工心理契约破裂的中介作用

自社会交换理论以及心理契约理论提出以来，众多学者对二者展开相应的研究。但纵观现有的研究可发现，学者对组织内交换的研究，大多是将其作为自变量或者中间变量，从而探讨他们对员工工作心理及行为的影响，而缺乏对组织内交换关系与员工工作心理行为背后的机理研究。在以往的研究中，心理契约强调的是契约双方按照契约规定完成彼此的义务，而组织内社会性交换及组织内经济性交换均未考虑这种交换是否基于心理契约的存在。虽然三者内容不同，但是具有相同的结果变量。因此本次研究拟将心理契约的破裂、组织内社会性交换及组织内经济性交换整合在同一模型中，提出假设并探讨心理契约破裂的感知在组织内交换关系及新生代农民工工作心理行为的中介作用。

第一节　新生代农民工心理契约特点

组织内交换一直是组织管理领域的研究热点之一。组织中的交换具体表现为组织为个体提供各项条件，并同时也期待员工给予相应的回报。早期对组织内交换的研究集中于物质及经济因素，但随着对员工关系研究的深入，组织内社会性交换及组织内经济性交换的区分日益重要

(Shore，Tetrick & Lynch，2006)①。区别于组织内经济性交换，社会性交换中员工与组织的义务没有明确说明，而双方的贡献也没有明确的测量指标。社会性交换的建立来自双方的互动。回报虽然不是立即获得，一方对另一方做出贡献或提供服务，同时期望在今后的某个时间获得回报；而获得利益的一方也会产生回报的意识（Esenberger & Huntington，1986）②。

社会交换需遵循互惠原则，而组织内交换同样遵循互惠原则。当组织内双方即组织与个体均形成隐含的、非书面说明的相互期望时，心理契约随即产生。心理契约作为雇佣双方未书面化的契约，是雇佣双方基于各种形式的承诺对交换中各自义务的理解（Herriot & Pemberton，1997③；Rousseau，1990④）。但区别于一般的书面契约，心理契约会随着时间及条件的改变而发生变化。当员工感知到由于各种原因组织无法或者不予履行对员工的应负有的责任时，心理契约随即产生破裂（psychological contract breach）。众多学者对心理契约履行状况与工作绩效的关系进行研究探讨，发现心理契约与员工绩效及工作行为存在正相关。Turnley 等（2003）⑤ 通过实证研究分析得出，心理契约的满足程度与员工组织公民行为及角色内行为显著正相关；Turnley 和 Bolino（1999）⑥

① Shore, L. M., Tetrick, L. E., Lynch, P., Barksdale, K., 2006, "Social and economic exchange: Construct development and validation", *Journal of Applied Social Psychology*, Vol. 36 (4), pp. 837-867.

② Eisenbegrer, R., Hutchison, S., Sowa, D., 1986, "Perceived organiaztional support", *Journal of Applied Psychology*, Vol. 71, pp. 500-507.

③ Herriot, P., Pemberion, C., 1990, "Facilitating new deals", *Human Resource Management Journal*, 1997 (7), pp. 45-56.

④ Rousseau, D. M., 1990, "New hire perceptions of their own and their employer's obligations: A study of psychological contracts", *Journal of Organizational Behavior*, Vol. 11 (5), pp. 389-400.

⑤ Turnley, W. H., Mark C., Bolino, Scott, W. L., James M., Bloodgood, 2003, "The impact of psychological contract fulfillment on the performance of in role and organizational citizenship behaviors", *Journal of Management*, Vol. 5 (5), pp. 187-206.

⑥ Turnley, W. H., Bolino, M. C., Lester, S. W., et al., 2003, "The impact of psychological contract fulfillment on the performance of in-role and organizational citizenship behaviors", *Journal of Management*, Vol. 29 (2), pp. 187-206.

指出，较高的心理契约履行水平可以带来高水平的工作满意度及组织承诺，而离职倾向也相对降低。而心理契约的破裂将导致员工对组织的信任感及忠诚度下降，工作满意度降低，离职意愿增加，并产生一系列消极行为（Grant，1999[①]；Kickul，2001[②]；Lo & Aryee，2003[③]）。

对于新生代农民工群体而言，通过交换获得经济回报虽然是其外出务工的主要动力之一，但相较第一代农民工，新生代农民工受教育程度及职业期望均明显提高，并更渴望能够获得组织的支持及承诺，以实现自身价值及获得更好的职业发展。因此，当其感知与组织的心理契约破裂时，工作绩效水平也会相应降低，并产生一系列消极行为。基于以上分析，提出假设如下：

假设 1：新生代农民工对心理契约破裂的感知在组织内社会性交换及情感承诺间起中介作用。

假设 2：新生代农民工对心理契约破裂的感知在组织内社会性交换及角色内行为间起中介作用。

假设 3：新生代农民工对心理契约破裂的感知在组织内社会性交换及离职意愿间起中介作用。

假设 4：新生代农民工对心理契约破裂的感知在组织内社会性交换及工作满意度间起中介作用。

假设 5：新生代农民工对心理契约破裂的感知在组织内经济性交换及情感承诺间起中介作用。

---

① Grant, D., 1999, "HRM, rhetoric and the psychological contract: a case of 'easier said than done'", *International Journal of Human Resource Management*, Vol. 10 (2), pp. 327-350.

② Kickul, J., & Lester, S. W., 2001, "Broken promises: Equity sensitivity as a moderator between psychological contract breach and employee attitudes and behavior", *Journal of Business and Psychology*, Vol. 16 (2), pp. 191-217.

③ Lo, S., & Aryee, S., 2003, "Psychological contract breach in a Chinese context: An integrative approach", *Journal of Management Studies*, Vol. 40 (4), pp. 1005-1020.

假设 6：新生代农民工对心理契约破裂的感知在组织内经济性交换及角色内行为间起中介作用。

假设 7：新生代农民工对心理契约破裂的感知在组织内经济性交换及离职意愿间起中介作用。

假设 8：新生代农民工对心理契约破裂的感知在组织内经济性交换及工作满意度间起中介作用。

第二节　新生代农民工心理契约的中介效应分析

一、研究流程及方法

本研究将通过构建结构方程并采用 Amos 21.0 对新生代农民工心理契约破裂的中介效应进行验证。依据温忠麟等（2014）[①] 提出的中介效应检验流程，本研究将首先就自变量组织内社会性及经济性交换对因变量新生代农民工心理行为的直接效应是否显著进行检验。若显著则按中介效应检验，若不显著则按遮掩效应立论。绘制自变量预测因变量的结构方程模型 M_1，其中自变量为组织内社会性交换及组织内经济性交换，因变量为新生代农民工工作行为各变量。由图 7-1 及表 7-1 可得，各路径标准化回归系数均达到显著水平，符合中介效应检验第一步骤即自变量对因变量系数 c 显著，按照中介效应立论。

---

① 温忠麟、叶宝娟：《中介效应分析：方法和模型发展》，《心理科学进展》2014 年第 5 期。

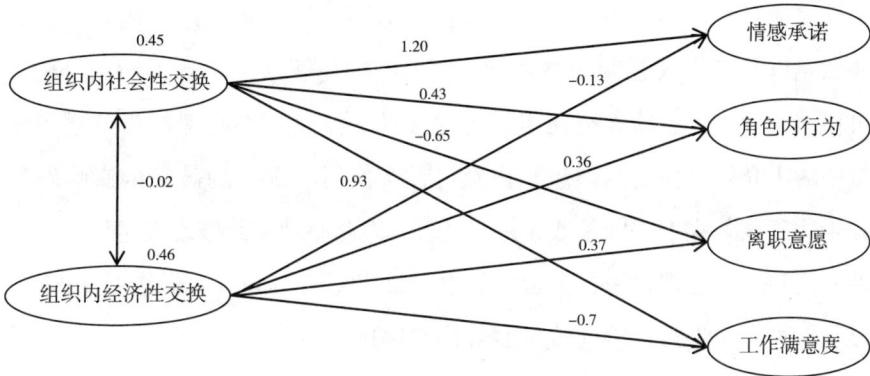

图 7.1　组织内交换预测新生代农民工心理行为的结构模型 M$_1$

表 7.1　结构模型 M$_1$中各变量影响路径系数估计（N=1223）

			非标准化路径系数估计	标准误差	临界比	显著性	标准化路径系数估计
情感承诺	<---	组织内社会性交换	1.197	0.066	18.085	＊＊＊	0.802
组织内行为	<---	组织内社会性交换	0.430	0.043	10.073	＊＊＊	0.364
离职意愿	<---	组织内社会性交换	−0.653	0.052	−12.489	＊＊＊	−0.469
工作满意度	<---	组织内社会性交换	0.925	0.056	16.556	＊＊＊	0.746
情感承诺	<---	组织内经济性交换	−0.131	0.044	−2.985	＊＊	−0.088
组织内行为	<---	组织内经济性交换	0.359	0.048	7.441	＊＊＊	0.306
离职意愿	<---	组织内经济性交换	0.371	0.052	7.121	＊＊＊	0.267
工作满意度	<---	组织内经济性交换	−0.073	0.038	−1.934	＊	−0.059

注：所列数据为标准 β 系数，＊＊＊表示 p<0.005，＊＊表示 p<0.01，＊表示 p<0.05。

　　在模型 M$_1$ 基础上增加心理契约破裂变量，构建心理契约破裂的完全中介模型。心理契约破裂完全中介模型（图 7-2）结果表明，组织内社会性交换对心理契约破裂、心理契约破裂对情感承诺、组织内行为、离职意愿以及工作满意度的路径均达到 0.001 显著水平，即 a、b 均显著，可得结论：心理契约破裂在组织内社会性交换及工作心理行为结果各变量中的中介效果显著。但组织内经济性交换对心理契约破裂的影响路径并未达到显著水平，即系数 a 并不显著，因此心理契约破裂在组织内经济性交换与工作心理行为各变量中的中介效应需使用 Bootstrap 法对 a、b 的显著性进一步进行检验（温钟麟等，2014）。

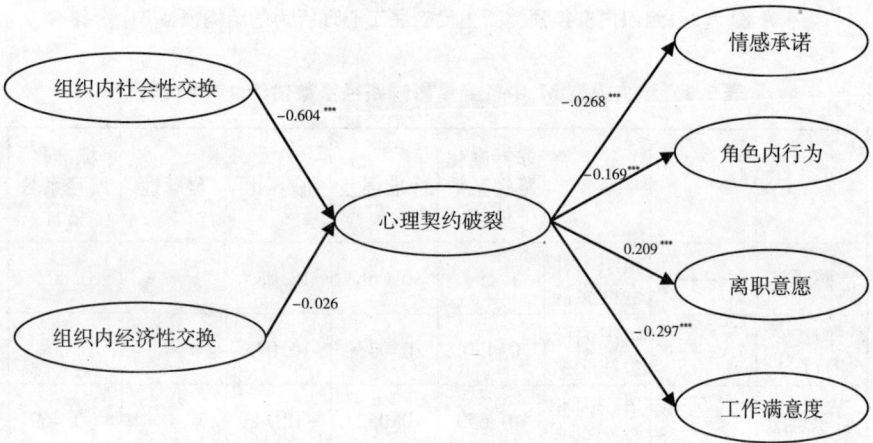

图 7-2 心理契约破裂的完全中介模型

注：所列数据为标准 β 系数，＊＊＊表示 p<0.005，＊＊表示 p<0.01，＊表示 p<0.05。

表 7-2 心理契约破裂完全中介模型中各变量影响路径系数估计（N＝1223）

			非标准化路径系数估计	标准误差	临界比	显著性	标准化路径系数估计
心理契约破裂	<--	组织内社会性交换	-0.928	0.049	-18.867	＊＊＊	-0.604
心理契约破裂	<--	组织内经济性交换	0.030	0.056	0.543	0.587	-0.026
情感承诺	<--	心理契约破裂	-0.733	0.033	-22.041	＊＊＊	-0.268

续表

			非标准化路径系数估计	标准误差	临界比	显著性	标准化路径系数估计
组织内行为	<--	心理契约破裂	-0.273	0.026	-10.304	＊＊＊	-0.169
离职意愿	<--	心理契约破裂	0.435	0.031	13.940	＊＊＊	0.209
工作满意度	<--	心理契约破裂	-0.597	0.030	-20.166	＊＊＊	-0.297

注: 所列数据为标准 β 系数, ＊＊＊表示 $p < 0.005$, ＊＊表示 $p < 0.01$, ＊表示 $p < 0.05$。

　　为检验心理契约破裂是否能够完全中介组织内社会性交换及组织内经济性交换对情感承诺、角色内行为、离职意愿及工作满意度的影响,在心理契约破裂的完全中介模型基础上增加自变量对因变量的直接路径,构建心理契约破裂部分中介模型 (图7-3)。路径分析结果表明,部分中介模型中除组织内经济性交换对心理契约破裂的影响路径不显著外,其他的影响路径均达到显著水平。其中组织内社会性交换对情感承诺、角

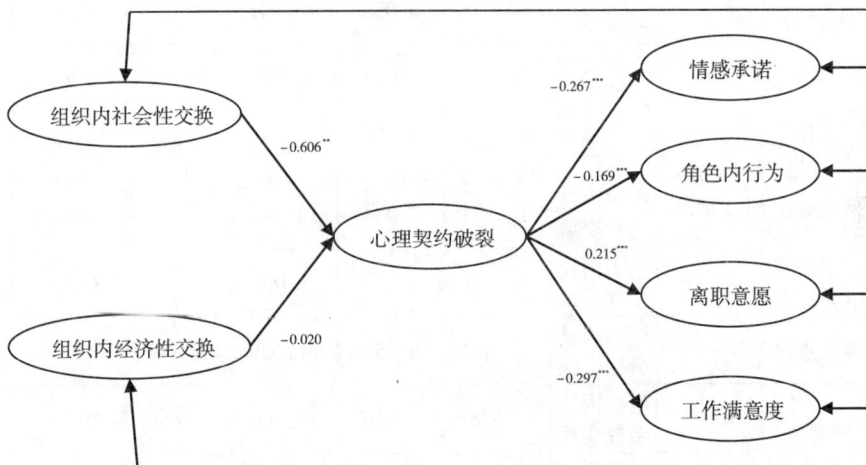

图7-3 心理契约破裂的部分中介模型

注: 所列数据为标准 β 系数, ＊＊＊表示 $p < 0.005$, ＊＊表示 $p < 0.01$, ＊表示 $p < 0.05$。

色内行为、离职意愿及工作满意度的标准化路径系数分别为 0.572（p<
0.005）、0.230（p<0.005）、-0.272（p<0.005）及 0.496（p<0.005），
组织内经济性交换对情感承诺、角色内行为、离职意愿及工作满意度的
标准化路径系数分别为-0.094（p<0.005）、0.218（p<0.005）、-0.084
（p<0.005）及 0.303（p<0.005）。将部分中介模型与完全中介模型进行
对比可以发现，部分中介模型的各项拟合指标明显优于完全中介模型
（ΔCMIN=449，ΔDF=9）。

表 7-3　心理契约破裂部分中介模型各变量影响路径系数估计（N=1223）

			非标准化路径系数估计	标准误差	临界比	显著性	标准化路径系数估计
心理契约破裂	<---	组织内社会性交换	-0.872	0.052	-16.632	＊＊＊	-0.606
心理契约破裂	<---	组织内经济性交换	-0.037	0.061	-0.608	0.543	-0.020
情感承诺	<---	心理契约破裂	-0.250	0.032	-7.884	＊＊＊	-0.267
组织内行为	<---	心理契约破裂	-0.125	0.032	-3.901	＊＊＊	-0.169
离职意愿	<---	心理契约破裂	0.188	0.034	5.453	＊＊＊	0.215
工作满意度	<---	心理契约破裂	-0.231	0.028	-8.328	＊＊＊	-0.297
情感承诺	<---	组织内社会性交换	0.771	0.054	14.187	＊＊＊	0.572
组织内行为	<---	组织内社会性交换	0.244	0.047	5.169	＊＊＊	0.230
离职意愿	<---	组织内社会性交换	-0.342	0.052	-6.630	＊＊＊	-0.272
工作满意度	<---	组织内社会性交换	0.556	0.046	12.160	＊＊＊	0.496
情感承诺	<---	组织内经济性交换	-0.166	0.050	-3.299	＊＊＊	-0.094
组织内行为	<---	组织内经济性交换	0.301	0.054	5.603	＊＊＊	0.218

续表

			非标准化路径系数估计	标准误差	临界比	显著性	标准化路径系数估计
离职意愿	<---	组织内经济性交换	0.497	0.062	7.979	＊＊＊	0.303
工作满意度	<---	组织内经济性交换	−0.123	0.043	−2.847	＊＊	−0.084

注：所列数据为标准 β 系数，＊＊＊表示 $p < 0.005$，＊＊表示 $p < 0.01$，＊表示 $p < 0.05$。

表 7-4　心理契约破裂的中介模型拟合指数（N=1223）

模型	χ^2	df	χ^2/df	GFI	IFI	CFI	RMSEA
$M_{简单中介}$	2655.361	427	6.219	0.858	0.865	0.865	0.065
$M_{部分中介}$	2206.601	418	5.279	0.883	0.892	0.891	0.059

二、心理契约破裂在组织内交换与情感承诺间的中介作用

分别就心理契约破裂在组织内交换与新生代农民工工作心理行为各变量间的中介作用进行探讨。心理契约破裂在组织内社会性交换、组织内经济性交换以及情感承诺间的中介作用的总效应、直接效应及间接效应如表 7-5 所示。统计结果显示组织内社会性交换与情感承诺间总效应标准化估计值为 0.733，95%置信区间为 0.675—0.785，双尾显著性检验结果显著，即组织内社会性交换对情感承诺总效应 c 显著。BC（Bias-corrected）偏差校正法估计的直接效应标准化估计值为 0.573，95%置信区间为 0.471—0.675，双尾显著性检验结果显著，即组织内社会性交换对情感承诺的直接效应显著。说明加入中介变量（心理契约破裂）后，组织内社会性交换对情感承诺的直接效应 c′ 显著，属于部分中介效应。间接效应标准化估计值为 0.160，95%置信区间为 0.096—0.220，双尾显著性检验结果显著，即组织内社会性交换对情感承诺的间接效应显著。

说明加入中介变量（心理契约破裂）后，组织内社会性交换对情感承诺的间接效应显著，系数 ab 显著。且 ab 和 c' 同号，因此可判定中介变量在自变量和因变量间起部分中介作用，假设 1 得到验证。中介效应占总效应的比例为 $ab/c = 0.160/0.733 = 0.2182$，即中介效应占总效应的 21.82%。

由于组织内经济性交换对心理契约破裂路径并不显著，因此需要使用 Bootstrap 法对 ab 显著性进行检验。检验结果显示加入中介变量（心理契约破裂）后，系数 ab 并不显著（$p>0.05$），组织内经济性交换对情感承诺的间接效应不显著，假设 5 没有得到验证。

表 7-5　心理契约破裂在组织内交换与情感承诺间的
中介作用各效应标准化估计值及显著性（N = 1223）

			组织内社会性交换	组织内经济性交换	心理契约破裂	情感承诺
总效应	标准化估计值	心理契约破裂	−0.602	−0.020	0.000	0.000
		情感承诺	0.733	−0.089	−0.266	0.000
	下限值	心理契约破裂	−0.650	−0.088	0.000	0.000
		情感承诺	0.675	−0.187	−0.361	0.000
	上限值	心理契约破裂	−0.548	0.046	0.000	0.000
		情感承诺	0.785	−0.013	−0.157	0.000
	双尾显著性	心理契约破裂	0.003	0.563	—	—
		情感承诺	0.003	0.026	0.002	—
直接效应	标准化估计值	心理契约破裂	−0.602	−0.020	0.000	0.000
		情感承诺	0.573	−0.094	−0.266	0.000
	下限值	心理契约破裂	−0.650	−0.088	0.000	0.000
		情感承诺	0.471	−0.186	−0.361	0.000
	上限值	心理契约破裂	−0.548	0.046	0.000	0.000
		情感承诺	0.675	−0.013	−0.157	0.000
	双尾显著性	心理契约破裂	0.003	0.563	—	—
		情感承诺	0.002	0.020	0.002	—

			组织内 社会性交换	组织内 经济性交换	心理 契约破裂	情感承诺
间接效应	标准化估计值	心理契约破裂	0.000	0.000	0.000	0.000
		情感承诺	0.160	0.005	0.000	0.000
	下限值	心理契约破裂	0.000	0.000	0.000	0.000
		情感承诺	0.096	-0.012	0.000	0.000
	上限值	心理契约破裂	0.000	0.000	0.000	0.000
		情感承诺	0.220	0.027	0.000	0.000
	双尾显著性	心理契约破裂	—	—	—	—
		情感承诺	0.003	0.520	—	—

三、心理契约破裂在组织内交换与角色内行为间的中介作用

心理契约破裂在组织内社会性交换、组织内经济性交换以及角色内行为间的中介作用的总效应、直接效应及间接效应如表7-6所示。

表7-6　心理契约破裂在组织内交换与角色内行为间的
中介作用各效应标准化估计值及显著性（N=1223）

			组织内 社会性交换	组织内 经济性交换	心理 契约破裂	角色内 行为
总效应	标准化估计值	心理契约破裂	-0.602	-0.020	0.000	0.000
		角色内行为	0.332	0.221	-0.172	0.000
	下限值	心理契约破裂	-0.650	-0.088	0.000	0.000
		角色内行为	0.264	0.106	-0.284	0.000
	上限值	心理契约破裂	-0.548	0.046	0.000	0.000
		角色内行为	0.405	0.321	-0.072	0.000
	双尾显著性	心理契约破裂	0.003	0.563	—	—
		角色内行为	0.001	0.002	0.005	

			组织内社会性交换	组织内经济性交换	心理契约破裂	角色内行为
直接效应	标准化估计值	心理契约破裂	−0.602	−0.020	0.000	0.000
		角色内行为	0.228	0.218	−0.172	0.000
	下限值	心理契约破裂	−0.650	−0.088	0.000	0.000
		角色内行为	0.132	0.105	−0.284	0.000
	上限值	心理契约破裂	−0.548	0.046	0.000	0.000
		角色内行为	0.323	0.317	−0.072	0.000
	双尾显著性	心理契约破裂	0.003	0.563	—	—
		角色内行为	0.002	0.002	0.005	—
间接效应	标准化估计值	心理契约破裂	0.000	0.000	0.000	0.000
		角色内行为	0.104	0.003	0.000	0.000
	下限值	心理契约破裂	0.000	0.000	0.000	0.000
		角色内行为	0.044	−0.008	0.000	0.000
	上限值	心理契约破裂	0.000	0.000	0.000	0.000
		角色内行为	0.173	0.018	0.000	0.000
	双尾显著性	心理契约破裂	—	—	—	—
		角色内行为	0.004	0.478	—	—

统计结果显示组织内社会性交换与角色内行为间总效应标准化估计值为 0.332，95%置信区间为 0.264—0.405，双尾显著性检验结果显著，即组织内社会性交换对角色内行为总效应 c 显著。BC（Bias-corrected）偏差校正法估计的直接效应标准化估计值为 0.228，95%置信区间为 0.132—0.323，双尾显著性检验结果显著，即组织内社会性交换对角色内行为的直接效应显著。说明加入中介变量（心理契约破裂）后，组织内社会性交换对角色内行为的直接效应 c' 显著，心理契约破裂属于部分中介效应。间接效应标准化估计值为 0.104，95%置信区间为 0.044—0.173，双尾显著性检验结果显著，即组织内社会性交换对角色内行为的间接效应显著。说明加入中介变量（心理契约破裂）后，组织内社会性

交换对角色内行为的间接效应显著，属于部分中介效应，系数 ab 显著。且 ab 和 c' 同号，因此可判定中介变量在自变量和因变量间起部分中介作用，假设 2 得到验证。中介效应占总效应的比例为 $ab/c = 0.104/0.332 = 0.3133$，即中介效应占总效应的 31.33%。

使用 Bootstrap 法检验加入中介变量（心理契约破裂）后组织内经济性交换对角色内行为的间接效应，结果显示系数 ab 并不显著（p>0.05），组织内经济性交换对角色内行为的间接效应不显著，假设 6 没有得到验证。

四、心理契约破裂在组织内交换与离职意愿间的中介作用

心理契约破裂在组织内社会性交换、组织内经济性交换以及离职意愿间的中介作用的总效应、直接效应及间接效应如表 7-7 所示。采用 BC（Bias-corrected）偏差校正法估计的总效应标准化估计值为 -0.402，95% 置信区间为 -0.465 — -0.337，双尾显著性检验结果显著，即组织内社会性交换对离职意愿的总效应 c 显著。直接效应标准化估计值为 -0.279，95% 置信区间为 -0.380 — -0.179，双尾显著性检验结果显著，即组织内社会性交换对离职意愿的直接效应显著。说明加入中介变量（心理契约破裂）后，组织内社会性交换对离职意愿的直接效应 c' 显著，心理契约破裂属于部分中介效应。间接效应标准化估计值为 -0.123，95% 置信区间为 -0.180 — -0.069，双尾显著性检验结果显著，即组织内社会性交换对离职意愿的间接效应显著。说明加入中介变量（心理契约破裂）后，组织内社会性交换对离职意愿的间接效应显著，系数 ab 显著。且 ab 和 c' 同号，因此可判定中介变量在自变量和因变量间起部分中介作用，假设 3 得到验证。中介效应占总效应的比例为 $ab/c = -0.123/-0.402 = 0.3060$，即中介效应占总效应的 30.6%。

使用 Bootstrap 法检验加入中介变量（心理契约破裂）后组织内经济性交换对离职意愿的间接效应，结果显示系数 ab 并不显著（p>0.05），

组织内经济性交换对离职意愿的间接效应不显著，假设 7 没有得到验证。

表 7-7　心理契约破裂在组织内交换与离职意愿间的
中介作用各效应标准化估计值及显著性（N=1223）

			组织内社会性交换	组织内经济性交换	心理契约破裂	离职意愿
总效应	标准化估计值	心理契约破裂	−0.602	−0.020	0.000	0.000
		离职意愿	−0.402	0.299	0.205	0.000
	下限值	心理契约破裂	−0.650	−0.088	0.000	0.000
		离职意愿	−0.465	0.210	0.114	0.000
	上限值	心理契约破裂	−0.548	0.046	0.000	0.000
		离职意愿	−0.337	0.382	0.294	0.000
	双尾显著性	心理契约破裂	0.003	0.563	—	—
		离职意愿	0.003	0.002	0.002	—
直接效应	标准化估计值	心理契约破裂	−0.602	−0.020	0.000	0.000
		离职意愿	−0.279	0.303	0.205	0.000
	下限值	心理契约破裂	−0.650	−0.088	0.000	0.000
		离职意愿	−0.380	0.212	0.114	0.000
	上限值	心理契约破裂	−0.548	0.046	0.000	0.000
		离职意愿	−0.179	0.388	0.294	0.000
	双尾显著性	心理契约破裂	0.003	0.563	—	—
		离职意愿	0.002	0.002	0.002	—
间接效应	标准化估计值	心理契约破裂	0.000	0.000	0.000	0.000
		离职意愿	−0.123	−0.004	0.000	0.000
	下限值	心理契约破裂	0.000	0.000	0.000	0.000
		离职意愿	−0.180	−0.022	0.000	0.000
	上限值	心理契约破裂	0.000	0.000	0.000	0.000
		离职意愿	−0.069	0.009	0.000	0.000
	双尾显著性	心理契约破裂	—	—	—	—
		离职意愿	0.002	0.520	—	—

五、心理契约破裂在组织内交换与工作满意度间的中介作用

心理契约破裂在组织内社会性交换、组织内经济性交换以及离职意愿间的中介作用的总效应、直接效应及间接效应如表 7-8 所示。采用 BC（Bias-corrected）偏差校正法估计的总效应标准化估计值为 0.675，95%置信区间为 0.617—0.735，双尾显著性检验结果显著，即组织内社会性交换对工作满意度总效应 c 显著。直接效应标准化估计值为 0.497，95%置信区间为 0.391—0.595，双尾显著性检验结果显著，即组织内社会性交换对工作满意度的直接效应显著。说明加入中介变量（心理契约破裂）后，组织内社会性交换对工作满意度的直接效应 c' 显著。采用 BC（Bias-corrected）偏差校正法估计的总效应标准化估计值为 0.178，95%置信区间为 0.119—0.244，双尾显著性检验结果显著，即组织内社会性交换对情感承诺的间接效应显著。说明加入中介变量（心理契约破裂）后，组织内社会性交换对工作满意度的间接效应显著，属于部分中介效应，系数 ab 显著。且 ab 和 c' 同号，因此可判定中介变量在自变量和因变量间起部分中介作用，假设 4 得到验证。中介效应占总效应的比例为 $ab/c=0.178/0.675=0.2637$，即中介效应占总效应的 26.37%。

使用 Bootstrap 法检验加入中介变量（心理契约破裂）后组织内经济性交换对离职意愿的间接效应，结果显示系数 ab 并不显著（p>0.05），组织内经济性交换对工作满意度的间接效应不显著，假设 8 没有得到验证。

表 7-8　心理契约破裂在组织内交换与工作满意度间的
中介作用各效应标准化估计值及显著性（N=1223）

			组织内社会性交换	组织内经济性交换	心理契约破裂	工作满意度
总效应	标准化估计值	心理契约破裂	−0.602	−0.020	0.000	0.000
		工作满意度	0.675	−0.078	−0.296	0.000

续表

			组织内 社会性交换	组织内 经济性交换	心理 契约破裂	工作 满意度
总效应	下限值	心理契约破裂	−0.650	−0.088	0.000	0.000
		工作满意度	0.617	−0.174	−0.399	0.000
	上限值	心理契约破裂	−0.548	0.046	0.000	0.000
		工作满意度	0.735	0.009	−0.190	0.000
	双尾显著性	心理契约破裂	0.003	0.563	—	0.000
		工作满意度	0.002	0.081	0.002	—
直接效应	标准化估计值	心理契约破裂	−0.602	−0.020	0.000	0.000
		工作满意度	0.497	−0.084	−0.296	0.000
	下限值	心理契约破裂	−0.650	−0.088	0.000	0.000
		工作满意度	0.391	−0.173	−0.399	0.000
	上限值	心理契约破裂	−0.548	0.046	0.000	0.000
		工作满意度	0.595	0.010	−0.190	0.000
	双尾显著性	心理契约破裂	0.003	0.563	—	0.000
		工作满意度	0.002	0.074	0.002	—
间接效应	标准化估计值	心理契约破裂	0.000	0.000	0.000	0.000
		工作满意度	0.178	0.006	0.000	0.000
	下限值	心理契约破裂	0.000	0.000	0.000	0.000
		工作满意度	0.119	−0.013	0.000	0.000
	上限值	心理契约破裂	0.000	0.000	0.000	0.000
		工作满意度	0.244	0.029	0.000	0.000
	双尾显著性	心理契约破裂	—	—	—	—
		工作满意度	0.001	0.526	—	—

第三节 新生代农民工心理契约
中介作用及讨论

心理契约的破裂对员工的工作心理及行为均会产生广泛的消极影

响。对于新生代农民工群体而言，当其感知到组织未尽责及履行承诺时，也会产生相应的消极行为。本研究通过构建模型，探讨心理契约破裂在新生代农民工组织内交换及工作心理行为间的中介作用。研究结果表明：（1）心理契约破裂在组织内社会性交换与情感承诺间起部分中介作用，中介效应为 21.82%；（2）心理契约破裂在组织内社会性交换与角色内行为间起部分中介作用，中介效应为 31.33%；（3）心理契约破裂在组织内社会性交换与离职意愿间起部分中介作用，中介效应为 30.6%；（4）心理契约破裂在组织内社会性交换与工作满意度间起部分中介作用，中介效应为 26.37%；（5）心理契约破裂在组织内经济性交换与情感承诺、角色内行为、离职意愿及工作满意度间无部分中介作用。

　　组织与员工关系的建立是基于个体的贡献及可获得的利益和社会奖赏间的交换，这种交换关系是基于互惠原则，而内容既包含短期的财务义务，也包括长期的社会情感（Blau，1964）[1]。心理契约作为存在于组织与员工间的一种内隐的契约和期望，是员工对其自身的贡献与组织所提供的支持之间交换承诺的一种理解以及感知（Robinson & Rousseau，1994）[2]。员工对组织内交换的理解必然会一定程度上影响其对心理契约的感知。由于心理契约并非书面化的契约，其不稳定性容易导致员工产生组织未能履行其职责义务的一种认知，即心理契约发生破裂。心理契约破裂的现象普遍存在。许多学者对心理契约破裂的现象进行研究，指出多达69%的员工表示近期感受到组织承诺的破裂（Conway & Brinier，2005）[3]，而相较管理层，普通员工对心理契约破裂的感知程度更高

---

① Blau, P. M., 1964, *Exchange and Power in Social Life*, Transaction Publishers.

② Robinson, S. L., Rousseau, D. M., 1994, "Violating the psychological contract: Not the exception but the norm", *Journal of Organizational Behavior*, Vol. (15), pp. 245-259.

③ Conway, N., Briner, R. B., 2005, *Understanding Psychological Contracts at Work: A Critical Evaluation of Theory and Research*, Oxford University Press.

（Lester, Turnley, Bloodgood & Bolino，2002）[①]。学者针对知识型员工心理契约破裂的行为反应也进行了探讨，并指出心理契约的破裂会导致员工绩效水平及工作满意度降低，且离职意愿增加（Grant，1999）[②]。

对于新生代农民工群体而言，通过个体贡献交换获得经济回报固然重要，但获得来自组织和上级的资源、支持以及承诺同样也是其就业的需求。新生代农民工由于生活质量提高及受教育程度增加，其对组织的要求不仅限于获得生活方面的支持，同样提出职业生涯规划及发展方面的需求，且维权意识不断加强。作为一线员工，当新生代农民工感受到组织不能履行相应义务时，其对组织的情感承诺、角色内行为及工作满意度会减少，而离职意愿增加（何蕊，2013）[③]。新生代农民工对组织内社会性交换的感知通过心理契约破裂的部分中介作用影响情感承诺、组织内行为、离职意愿以及工作满意度。

第四节　本章小结

本章研究基于心理契约破裂的相关理论，提出假设并构建模型对新生代农民工心理契约破裂的中介效应进行探讨。研究基于所得样本数据采用 Amos 21.0 统计分析认为：新生代农民工对组织内社会性交换感知通过心理契约破裂的部分中介作用对情感承诺、组织内行为、离职意愿以及工作满意度产生影响；心理契约破裂在组织内经济性交换与情感承诺、角色内行为、离职意愿及工作满意度间无部分中介作用。

---

① Lester, S. W., Turnley, W. H., Bloodgood, J. M. & Bolino, M. C., 2002, "Not seeing eye to eye: Differences in supervisor and subordinate perceptions of and attributions for psychological contract breach", *Journal of Organizational Behavior*, Vol. 23 (1), pp. 39–56.

② Grant D., 1999, "HRM, rhetoric and the psychological contract: a case of 'easier said than done'", *International Journal of Human Resource Management*, Vol. 10 (2), pp. 327–350.

③ 何蕊：《新生代农民工心理契约破坏与组织公民行为：心理资本的中介作用》，硕士学位论文，沈阳师范大学 2013 年。

第八章　研究总结及展望

第一节　主要研究结论

通过前面各项研究的探讨及分析，研究所得主要结论可归纳为以下几个方面。

1. 新生代农民工组织内社会性交换及组织内经济性交换对其情感承诺、角色内行为、离职意愿及工作满意度均产生显著的影响

具体表现为：

（1）组织内社会性交换与组织内经济性交换呈显著负相关（见表4-1）。其原因：为当新生代农民工群体对组织内社会性交换感知程度较高，即更多地感受到与组织之间的关系是长远的、情感层面的支持及认同时，则相应对组织内经济性交换，即与组织的关系仅为短期的、明确的经济回报关系的感知程度则较低。

（2）组织内社会性交换对新生代农民工情感承诺、角色内行为及工作满意度有显著正向影响，而与离职意愿有显著负向影响（见表4-2）。当新生代农民工对组织给予的社会性交换感知程度越高，则会增加对所属组织的情感依赖，相应角色内行为增加，对工作满意的程度也增加，并且其离开该组织寻求新的工作机会的意愿也相应降低。

（3）组织内经济性交换对新生代农民工情感承诺及工作满意度有显著负向影响，对角色内行为及离职意愿有显著正向影响（见表4-3）。当

新生代农民工群体对组织与其明确的经济性回报感知水平较高时，其对与组织间关系更多地理解为短期经济回报的关系，因此对组织的依赖性及承诺相应降低，并且工作满意度降低，且合约一旦终止或出现更好工作机会时，其离开本企业的意愿明显增加。但明确的合约关系确保了收入的稳定，因此对组织内经济性交换的感知程度越高，角色内行为相应增加。

2. 不同的人口学特征变量在自我身份认同、产业园区完善度、心理契约破裂及心理行为各变量中有显著差异

具体表现为：

（1）不同性别的身份认同、心理契约破裂、情感承诺以及离职意愿存在显著差异。其中，除却情感承诺变量外，其他变量男性均值均高于女性均值（见表3-1）。

（2）不同年龄的身份认同、心理契约破裂以及产业完善度无显著差异，但情感承诺、角色内行为、离职意愿以及工作满意度则有显著差异（见表3-2），其中31—35岁年龄段的新生代农民工对组织的情感承诺、角色内行为及工作满意度各项指标均高于其他年龄段，而离职意愿则显著低于21—25岁年龄段的新生代农民工（见表3-3）。

（3）户籍状况差异对身份认同产生显著影响，其中广东省外户籍的新生代农民工对自身农民身份的认同高于广东省内户籍的群体（见表3-4）。

（4）不同婚姻状况的新生代农民工其情感承诺、角色内行为、离职意愿以及工作满意度显著不同（见表3-5），其中已婚已育的新生代农民工对组织的情感承诺、角色内行为及工作满意度三方面均值均高于未婚未育状态的新生代农民工，而在离职意愿维度则显著低于未婚未育状态的新生代农民工（见表3-6）。

（5）不同学历水平的新生代农民工的情感承诺、角色内行为及产业

园区完善度的感知均存在显著差异（见表3-7）。具有本科学历的新生代农民工其身份认同和产业园区完善度的感知显著低于其他学历（见表3-8）。

（6）不同工作年限仅对自我身份认同、角色内行为以及离职意愿产生显著影响（见表3-9），工作年限较短的新生代农民工其对农民身份的认同及角色内行为显著低于工作年限较长的群体，而离职意愿则显著高于7—10年工作年限的新生代农民工（见表3-10）。

3. 新生代农民工组织内交换通过自我身份认同的部分中介作用对情感承诺、角色内行为及工作满意度产生影响。

Burke（1991）[1] 指出，个体会基于对自我身份的认知而产生相一致的行为，并且行为会基于与身份保持一致而不断地进行调整。众多学者对于知识型员工群体的自我认同展开研究，并指出自我认同对工作满意度等变量均具有直接或间接的影响（宫淑燕，2014[2]；廖银燕，2014[3]）。类似于知识型员工群体的研究结论，针对新生代农民工群体展开的实证研究证实该群体自我身份的认同一定程度上也对组织内交换及工作心理行为间关系产生一定的影响。具体表现为：

（1）新生代农民工自我身份认同在组织内社会性交换和情感承诺、角色内行为及工作满意度间的中介效应分别为2.7%、9.2%及3.3%；自我身份认同在组织内经济性交换与角色内行为间的中介效应为14.4%。

（2）自我身份认同在组织内经济性交换和情感承诺及工作满意度间为遮掩效应，间接效应与直接效应之比的绝对值分别为0.325及0.246。

---

[1] Burke, P. J., 1991, "Identity processes and social stress", *American Sociological Review*, pp. 836-849.

[2] 宫淑燕：《新生代知识员工自我认同对组织行为的作用机理研究》，博士学位论文，西北工业大学2015年。

[3] 廖银燕：《领导—成员交换对员工敬业度的影响机理研究》，硕士学位论文，西南财经大学2014年。

（3）新生代农民工自我身份认同在组织内社会性交换、组织内经济性交换及离职意愿间不存在中介效应。

研究数据同时显示新生代农民工自我身份认同的中介效应虽然显著，但解释量较小。其原因可能为新生代农民工自我身份认同尚处于较为混沌的状态。对比第一代农民工，新生代农民工群体受教育程度提高，且拥有较多的城市体验，对市民身份的渴望程度增加。但现有户籍制度及政策的限制以及社会融入过程中的隔阂使得新生代农民工无法找到身份的归属，较弱的社会地位进一步加深了对农民身份的自我认同。

4. 产业园区在新生代农民工组织内交换与情感承诺、角色内行为、离职意愿及工作满意度的关系中起调节作用

本研究通过自编并已检验的产业园区完善程度测量问卷，使用 SPSS 软件对产业园区完善度在组织内交换对各工作心理行为变量影响中的调节作用进行检验。具体表现为：

（1）产业园区完善度对组织内社会性交换与角色内行为及离职意愿间的调节作用显著，其中对角色内行为呈正向影响（见表6-3），对离职意愿呈负向影响（见表6-4），而对组织内社会性交换与情感承诺及工作满意度间的调节作用不显著。当产业园区完善程度越高，周围环境设施越齐全时，新生代农民工能够感受到来自组织及周围环境的支持及关心，其归属感及认同感会增加，并产生更多的积极行为以对接受的支持及承诺进行回应；此外，除从所属组织获得一定的承诺及支持外，新生代农民工也可从所在园区获得一定的资源及支持。当感受到来自组织及所在园区的支持及关心，其对组织及所在园区的情感依赖及承诺也相应加强，而离开组织的意愿也相应降低。

（2）产业园区完善度对组织内经济性交换与情感承诺、角色内行为离职意愿及工作满意度间的调节作用均显著，其中对离职意愿呈正向影

响（见表6-3），对情感承诺、角色内行为以及离职意愿呈负向影响（见表6-2、表6-4、表6-5）。原因可能为当员工对组织内经济性交换感知程度较高时，其将与组织关系更多定义为短期的、经济的契约关系，并且较少地感受到来自组织的支持，对经济收入的需求更加迫切，只有通过完成相应角色内行为并获得足够的经济收入才能有较为稳定的生活。而当现有收入未能达到其期望或出现更高收入的工作时，新生代农民工缺少与组织的其他情感羁绊，离开当前工作的可能性更高，离职意愿显著增加。若此时所处园区具有较好的生活、教育环境以及较为完善的制度保障，其对所属组织的依赖程度及情感承诺则会相应降低，工作满意度也相应减少；当新生代农民工与原企业终止劳务关系或寻求更好工作机会时，因离职所造成的生活困境的可能性相应降低，其对离职的顾虑也相应降低。

5. 新生代农民工组织内社会性交换通过心理契约破裂的部分中介作用对情感承诺、角色内行为、离职意愿及工作满意度产生影响

具体表现为：

（1）新生代农民工心理契约破裂在组织内社会性交换与情感承诺、角色内行为、离职意愿及工作满意度间起部分中介作用，其中介效应分别为21.82%、31.33%、30.6%及26.37%（见表7-5—表7-8）。

（2）心理契约破裂在组织内经济性交换与情感承诺、角色内行为、离职意愿及工作满意度间无部分中介作用。

针对新生代农民工群体心理契约破裂的研究结果和知识型员工存在相似点，表明类似于知识型员工群体，随着生活质量及受教育程度提高，新生代农民工对组织的要求不仅限于获得经济方面的支持，同样提出职业生涯规划及发展方面的需求，且维权意识不断加强。当其感知到组织违背承诺，或无法履行相应义务时，其对组织的情感承诺、角色内行为及工作满意度会减少，而离职意愿增加。

第二节　研究创新

现有针对组织内交换的研究多集中于组织内社会性交换，较少将组织内社会性交换及经济性交换纳入同一模型中探讨二者关系以及对心理及行为的影响，且研究对象集中于知识型员工群体。新生代农民工群体鲜明的时代特征使其组织内交换的感知程度对与工作心理行为的影响有别于知识型员工。本研究对新生代农民工组织内社会性交换及经济性交换的相关性进行研究，研究结果表明新生代农民工对组织内社会性交换的感知程度与组织内经济性交换的感知程度呈显著负相关，并就组织内交换对情感承诺、角色内行为、离职意愿及工作满意度等心理行为变量的影响进行了探讨，丰富和扩展了现有组织内交换的研究。

区别于第一代农民工，新生代农民工在城市生活追求上已从维持物质生活的基本动机转向社会融合的第二性动机。作为社会融入的最终阶段，自我身份认同的确定有助于新生代农民工融入就业地及当地居民，并对所属组织产生一定情感归属及依赖，进而产生积极的工作心理行为。但现有户籍及各种保障制度一定程度上强化了其对农民身份的认同程度，因而新生代农民工自我身份认同模糊化倾向较为突出。现有针对新生代农民工身份认同的研究主要集中于制度性的宏观层面，即从社会性层面对新生代农民工赋予一定的身份标签，而忽略从新生代农民工群体各个主体的微观层面探讨其对自我身份的认同以及相关影响。本研究选取新生代农民工自我身份认同为研究视角，通过构建结构方程模型探索新生代农民工对于农民身份的自我认同程度在组织内社会性交换、组织内经济性交换及工作心理行为各变量间的中介效应，从微观层面对新生代农民工自我身份认同的影响进行探讨，丰富了新生代农民工身份认同的研究。

随着教育程度、生活质量及城市体验等特征的改变，新生代农民工对于组织与员工之间责任的期望及认识也逐渐发生变化。心理契约作为描述组织内双方隐含的、非书面化的承诺及义务，会随着时间的推进而发生改变，而当员工感知到组织无法履行相应承诺及责任时，心理契约随即产生破裂并对相应工作心理行为产生一定影响（Grant，1999[①]；Kickul，2001[②]）。当前针对心理契约的研究多集中于知识型员工群体，而已有的关于新生代农民工心理契约的研究也较多侧重于对心理契约维度内容及结构的探讨，而未对心理契约破裂及相关影响进行探讨。本研究将心理契约破裂作为中介变量纳入组织内交换对工作心理行为的作用机制中，探讨新生代农民工心理契约破裂的感知程度在组织内交换对工作心理行为影响的中介效应。研究结果表明新生代农民工心理契约破裂在组织内社会性交换对情感承诺、角色内行为、离职意愿及工作满意度的影响中起部分中介作用，拓展了新生代农民工心理契约相关领域的研究。

由于经济发展以及城市产业的转型，新生代农民工的分布呈现集中化的趋势，并主要以产业园区为聚集区域。而工作及生活环境会对员工的心理及生产行为产生显著的影响。既往针对组织内交换及工作产出的相关研究多基于微观层面，较少将环境因素作为影响变量纳入模型并展开相关研究。本研究将产业园区的完善程度作为研究变量纳入组织内交换对心理行为的作用机制模型，开发研制产业园区完善程度问卷并进行检验，并基于产业园区范围内新生代农民工展开实证研究。研究发现产业园区完善程度在组织内社会交换与离职意愿及角色内行为的关系、组织内经济性交换与心理行为所有变量的关系中均存在显著调节作用，研

① Grant, D., 1999, "HRM, rhetoric and the psychological contract: a case of 'easier said than done'", *International Journal of Human Resource Management*, Vol. 10 (2), pp. 327-350.

② Kickul, J., Lester, S. W., 2001, "Broken promises: Equity sensitivity as a moderator between psychological contract breach and employee attitudes and behavior", *Journal of Business and Psychology*, Vol. 16 (2), pp. 191-217.

究结果验证了环境对工作心理及行为的影响，深化了对新生代农民工心理及行为影响因素的认识。

第三节　对企业管理的启迪

本研究的实践意义在于，在当前经济发展及产业转型的背景下，指导产业园区的企业如何通过提升组织内交换质量进而改善新生代农民工工作心理及行为，以应对挑战，获得更好的发展。具体启示主要有以下三点：

第一，企业应改变既往以短期简单的经济回报关系为主的组织—员工交换关系，加强对新生代农民工的情感导向的支持及认同，建立较高质量的组织内社会性交换。第一代农民工外出务工的主要动力为获得一定的经济收入以改善生活，因此明确的书面的经济回报关系是确保收入的首要保障。但区别于第一代农民工，新生代农民工具有鲜明的时代特征。由于受教育水平的提高以及城市体验的增加，新生代农民工外出务工的目的有所改变，其职业期望显著提升，渴望感受到来自组织的支持及认同，并融入城市生活中。研究结果表明，新生代农民工对组织内社会性交换及经济性交换的感知呈显著负相关，而组织内社会性交换与情感承诺、角色内行为及工作满意度呈显著正相关，与离职意愿显著负相关，即当新生代农民工感知到与组织的关系更多为情感层面的归属及羁绊时，工作满意度及工作绩效均显著增加，离开本组织的意愿相应降低。此外，较高质量的组织内社会性交换可有效降低新生代农民工心理契约破裂及违背的产生，进而减少其消极行为的产生。本研究表明，组织内社会性交换通过心理契约破裂及违背影响新生代农民工情感承诺及离职意愿。当新生代农民工感受到组织违背承诺不能履行相应义务时，会实施相应的消极行为予以回应，进而影响企业的发展。因此，给予新生代农民工更多情感层面的支持有助于企业获得更好的发展。

第二，企业及政府机构应积极帮助新生代农民工构建清晰的自我身份认同，走出自我身份认同困境。新生代农民工普遍年龄较小，较第一代农民工受教育水平显著提高，务农时间较少且乡土记忆较为淡薄。较多的城市体验让其渴望市民的身份并且期望融入就业地及当地居民中，但现有的城乡二元结构及相应社会保障制度一定程度上限制新生代农民工对市民身份的认同。此外，企业及周围居民互动及支持的缺乏也一定程度上阻碍了新生代农民工行为及心理层面的社会融入进程。新生代农民工自我身份认同的模糊性及自我矛盾性一定程度上导致了认同困境及身份焦虑，进而产生较为消极的工作心理行为。因此，企业应加强对新生代农民工社会及心理层面的支持，帮助其更好地融入组织及所在地，由"过客人"心态转化为"主人翁"心态。此外，政府机构应对相关政策制度进行修订，健全完善相应保障制度，促进新生代农民工社会融入进程。

第三，企业及政府机构应加强对产业园区的规划以及建设投入，改善新生代农民工群体的居住及工作环境，以提升组织绩效并获得可持续的发展。作为新生代农民工居住就业的核心聚集区域，产业园区对员工的生活工作具有重要的影响。本研究结果表明，产业园区完善程度在新生代农民工对组织内交换的感知程度与心理行为的关系中起调节作用。所在产业园区基础建设以及环境愈完善，新生代农民工对所在组织的归属及认同感会增加，并进而产生更多的积极行为进行回应。因此，完善产业园区基础设施，营造良好的生活生产环境有助于企业提高工作绩效，取得竞争优势。

第四节 研究展望

本研究以产业园区的新生代农民工群体为研究对象，构建组织内交换及工作心理行为间模型，并探讨各变量间相互影响及作用机制，一定程度上丰富和补充了组织内交换、心理契约及身份认同等相关研究，并从组织及产业园区角度提出相关对策及建议。但受各种条件限制，本研究仍然存在一定局限性，有待进一步改善。

1. 研究设计方面

因条件和可操作性的限制，本研究仅采用问卷调查方法开展研究，在研究设计方面相对较为单调，未来研究中可考虑结合情景模型试验、案例分析等其他方法丰富研究设计。此外，本研究采用是横向（Cross-Sectional）的研究设计，仅能反映各变量于某一时间点的关系，而组织内交换的感知对心理行为的影响需要一定时间，因此目前研究设计无法展示各变量相互作用的演变过程。在未来研究中可以考虑采用纵向设计，于不同时间点收集相关数据以进一步探索各变量关系之间的相互作用机制。

2. 研究内容方面

本研究中涉及的各变量以及作用机制并未考虑全部可能的影响因素，新生代农民工组织内交换的感知程度对工作行为的影响过程中可能存在其他变量的影响。因此，未来的研究可以根据相关理论将其他变量纳入研究模型中，以更为全面地探究新生代农民工组织内交换对工作行为的作用机制。

3. 数据收集以及分析方面

本研究中各变量的测量均采用员工自评（Self-report），虽然在施测过程进行了程序控制，且相关检验结果显示共同方法偏差并不严重，但若结合其他数据来源及测量方法可更好地避免共同方法偏差。此外，由于研究对象为新生代农民工群体，其教育文化水平虽普遍提高，但相比知识型员工群体仍然存在一定差距，研究中问卷回收状况以及问卷质量有待提高，因此导致数据分析时部分指数偏低。未来研究中应结合多种数据来源，并在施测过程中对问卷质量进行监控，以提高研究结论的有效性以及参考价值。

参 考 文 献

［1］柴民权、管健：《新生代农民工积极群际接触的有效性：基于群体身份与认同视角》，《心理科学》2015 年第 5 期。

［2］陈加洲、凌文辁、方俐洛：《组织中的心理契约》，《管理科学学报》2001 年第 4 期。

［3］陈宽裕、王正华：《论文统计分析实务：SPSS 与 AMOS 的运用》，台北五南图书出版股份有限公司 2011 年版。

［4］陈晓萍、徐淑英、樊景立：《组织与管理研究的实证方法》，北京大学出版社 2012 年版。

［5］陈素琼、张广胜：《中国新生代农民工市民化的研究综述》，《农业经济》2011 年第 5 期。

［6］谌晓舟：《新生代农民工心理特征与管理策略——以广东省佛山市南海本田事件为例》，《南方农村》2011 年第 5 期。

［7］谌晓舟、何岩：《流动人口素质对就业结构影响——以广东省东莞市为例》，《西北人口》2012 年第 6 期。

［8］谌晓舟、贾君：《企业在职培训能否提升就业稳定性——基于广东南海调查数据的实证分析》，《学术研究》2016 年第 12 期。

［9］谌晓舟、汪志红：《人才结构、流动性与中小型企业转型升级：以深圳龙岗为例》，《科技管理研究》2017 年第 6 期。

［10］谌晓舟、周欢：《珠三角农民工特征变量与工作满意度关系研

究——以广东省佛山市顺德区制造业为例》,《南方农村》2017 第 5 期。

[11] 邓国军、王树功、周永章:《科技产业园区可持续发展的实践及模式探讨:以广东东莞松山湖科技产业园区为例》,《人文地理》2008 年第 6 期。

[12] 高春雷、李长安、石丹淅:《新生代农民工就业能力影响因素研究》,《经济管理》2015 年第 12 期。

[13] 宫淑燕:《新生代知识员工自我认同对组织行为的作用机理研究》,博士学位论文,西北工业大学 2015 年。

[14] 韩玉梅:《新生代农民工市民化问题研究》,博士学位论文,东北农业大学 2012 年。

[15] 贺汉魂、皮修平:《农民工概念的辩证思考》,《求实》2006 年第 5 期。

[16] 何蕊:《新生代农民工心理契约破坏与组织公民行为:心理资本的中介作用》,硕士学位论文,沈阳师范大学 2013 年。

[17] 胡宏伟、曹杨、吕伟、叶玲:《新生代农民工自我身份认同研究》,《江西农业大学学报(社会科学版)》2011 年第 3 期。

[18] 黄荻锶:《工作环境对知识型员工创新行为影响机理研究》,博士学位论文,西南财经大学 2014 年。

[19] 黄铃:《我国中小学心理教师身份认同感现状分析》,《云南教育》2007 第 8 期。

[20] 胡晓红:《社会记忆中的新生代农民工自我身份认同困境——以 S 村若干新生代农民工为例》,《中国青年研究》2008 年第 9 期。

[21] 金晓彤、周爽、赵太阳:《新生代农民工的身份二元性及其返乡消费高可见性符号特征——基于城市异地务工青年的对比研究》,《人口与经济》2017 年第 5 期。

[22] 李虹、倪士光、黄琳妍:《流动人口自我身份认同的现状与政

策建议》，《西北师大学报（社会科学版)》2012年第4期。

［23］李练军：《新生代农民工融入中小城镇的市民化能力研究——基于人力资本、社会资本与制度因素的考察》，《农业经济问题》2015年第9期。

［24］李练军：《中小城镇新生代农民工市民化意愿影响因素研究——基于江西省1056位农民工的调查》，《调研世界》2015年第3期。

［25］李培林、田丰：《中国新生代农民工：社会态度和行为选择》，《社会》2011年第3期。

［26］李艳、谌晓舟：《农民工劳资冲突行为选择的需求动机实证研究——基于广东调查数据的神经网络判别》，《统计与信息论坛》2017年第9期。

［27］李原、郭德俊：《组织中的心理契约》，《心理科学进展》2002年第1期。

［28］李智：《"80后"初中教师自我身份认同的实证研究》，《教育发展研究》2009年第2期。

［29］廖银燕：《领导—成员交换对员工敬业度的影响机理研究》，硕士学位论文，西南财经大学2014年。

［30］凌文辁、杨海军、方俐洛：《企业员工的组织支持感》，《心理学报》2006年第2期。

［31］凌文辁、张治灿、方俐洛：《影响组织承诺的因素探讨》，《心理学报》2001年第3期。

［32］卢海阳：《农民工的城市融入及对经济行为的影响》，博士学位论文，浙江大学2015年。

［33］罗伯特·F.德威利斯：《量表编制：理论与应用》，重庆大学出版社2004版。

［34］欧阳东、李和平、李林等：《产业园区产城融合发展路径与规

划策略——以中泰（崇左）产业园为例》，《规划师》2014 年第 6 期。

[35] 彭远春：《论农民工身份认同及其影响因素》，《人口研究》2007 年第 2 期。

[36] 谭小宏、秦启文、潘孝富：《组织支持感与工作满意度、离职意向的关系研究》，《心理科学》2007 年第 2 期。

[37] 彭远春：《论农民工身份认同及其影响因素——对武汉市杨园社区餐饮服务员的调查分析》，《人口研究》2007 年第 2 期。

[38] 齐琳、刘泽文：《心理契约破坏对员工态度与行为的影响》，《心理科学进展》2012 年第 8 期。

[39] 钱龙、钱文荣：《"城镇亲近度"、留城定居意愿与新生代农民工城市融入》，《财贸研究》2015 年第 6 期。

[40] 乔纳森、特纳：《社会学理论的结构》，吴曲辉等译，浙江人民出版社 2001 年版。

[41] 荣泰生：《AMOS 与研究方法》，重庆大学出版社 2009 年版。

[42] 石晓天：《工资集体协商的条件与实现路径——从南海本田等个案比较的角度》，《中国劳动关系学院学报》2012 年第 2 期。

[43] 汤荧、郭倩倩、张应良、张恒威：《新生代农民工市民化约束因素与驱动路径研究》，《西南师范大学学报（自然科学版）》2015 年第 12 期。

[44] 田凯：《关于农民工的城市适应性的调查分析与思考》，《社会科学研究》1995 年第 5 期。

[45] 陶家俊：《身份认同导论》，《外国文学》2004 年第 2 期。

[46] 由由：《高校教师流动意向的实证研究：工作环境感知与工作满意的视角》，《北京大学教育评论》2014 年第 4 期。

[47] 王春光：《新生代农村流动人口的社会认同与城乡融合的关系》，《社会学研究》2011 年第 3 期。

［48］王辉、牛雄鹰、Law. K. S.：《领导—部属交换的多维结构及对工作绩效和情境绩效的影响》，《心理学报》2004年第2期。

［49］汪昕宇、陈雄鹰、邹建刚：《超大城市新生代农民工就业满意度评价及其比较分析——以北京市为例》，《人口与经济》2016年第5期。

［50］王冬、刘养卉、李刚：《新生代农民工消费行为实证研究——以兰州市为例》，《西北人口》2015年第1期。

［51］王广慧、徐桂珍：《教育—工作匹配程度对新生代农民工收入的影响》，《中国农村经济》2014年第6期。

［52］王文：《组织内社会交换对工作产出作用机制的实证研究》，博士学位论文，复旦大学2011年。

［53］温忠麟、叶宝娟：《中介效应分析：方法和模型发展》，《心理科学进展》2014年第5期。

［54］温忠麟、张雷、侯杰泰：《有中介的调节变量和有调节的中介变量》，《心理学报》2006年第3期。

［55］魏峰、张文贤：《国外心理契约理论研究的新进展》，《外国经济与管理》2004年第2期。

［56］吴继红：《组织支持认知与领导—成员交换对员工回报的影响实证研究》，《软科学》2006年第五期。

［57］肖云、邓睿：《新生代农民工城市社区融入主观判断的影响因素——基于重庆市新生代农民工调查数据的分析》，《城市问题》2015第4期。

［58］肖云、邓睿：《新生代农民工城市社区融入困境分析》，《华南农业大学学报（社会科学版）》2015年第1期。

［59］许佳佳：《城市融入进程中新生代农民工社会心态的困境及突破路径》，《农村经济》2015年第4期。

［60］寻阳、郑新民：《十年来中外外语教师身份认同研究述评》，《现代外语》2014 年第 1 期。

［61］许百华、张国兴：《组织支持感研究进展》，《应用心理学》2005 年第 4 期。

［62］许传新：《新生代农民工的身份认同及影响因素分析》，《学术探索》2007 年第 3 期。

［63］徐哲：《组织支持与员工满意度相关分析研究》，《天津商学院学报》2004 年第 1 期。

［64］徐步宇：《基于制度建构的新生代农民工身份问题剖析与对策》，《农业经济》2014 年第 6 期。

［65］徐雨森、戴大双：《软硬环境在资源型城市经济发展中的地位》，《大连理工大学学报（社会科学版）》2003 年第 1 期。

［66］薛瑛：《茨威格自我"身份认同"问题之初探》，硕士学位论文，华东师范大学 2006 年。

［67］杨东涛、秦伟平：《群际关系视角下新生代农民工身份定位与工作嵌入关系研究》，《管理学报》2013 年第 4 期。

［68］杨杰、凌文辁、方俐洛：《心理契约破裂及违背》，《暨南学报》2003 年第 2 期。

［69］杨国枢、文崇一、吴聪贤等：《社会及行为科学研究法》，重庆大学出版社 2006 年版。

［70］杨菊华：《流动人口在流入地社会融入的指标体系——基于社会融入理论的进一步研究》，《人口与经济》2010 年第 2 期。

［71］姚俊：《失地农民市民身份认同障碍解析——基于长三角相关调查数据的分析》，《城市问题》2011 年第 8 期。

［72］姚缘、张广胜：《信息获取与新生代农民工职业流动——基于对大中小城市新生代农民工的调研》，《农业技术经济》2013 年第 9 期。

［73］姚植夫、薛建宏：《新生代农民工市民化意愿影响因素分析》，《人口学刊》2014 年第 3 期。

［74］姚植夫、张译文：《新生代农民工工作满意度影响因素分析——基于西北四省的调查数据》，《中国农村经济》2012 年第 8 期。

［75］袁靖华：《边缘青年情绪心理危机的测量与疏导——基于浙江新生代农民工的调查》，《青年研究》2015 年第 2 期。

［76］袁勇志、何会涛：《组织内社会交换关系对心理契约违背影响的实证研究》，《中国软科学》2010 年第 2 期。

［77］尹俊、王辉：《组织内交换关系，心理授权与员工工作结果的研究》，《经济科学》2011 年第 5 期。

［78］曾垂凯：《情感承诺对 LMX 与员工离职意向关系的影响》，《管理评论》2012 年第 11 期。

［79］赵明仁：《先赋认同、结构性认同与建构性认同——"师范生"身份认同探析》，《教育研究》2013 年第 6 期。

［80］赵田田：《新生代农民工身份认同对工作嵌入的影响研究》，硕士学位论文，南京大学 2011 年。

［81］张超：《新生代农民工城市融入指标体系及其评估——基于江苏吴江的调查分析》，《南京社会科学》2015 年第 11 期。

［82］张宏如、李群、彭伟：《供给侧改革视阈中的新生代农民工就业转型研究》，《管理世界》2017 年第 6 期。

［83］张宏如、李群：《员工帮助计划促进新生代农民工城市融入模型——人力资本、社会资本还是心理资本》，《管理世界》2015 年第 6 期。

［84］张静：《身份：公民权利的社会配置与认同》，《观念，态度，理据》2006 年第 23 期。

［85］张俊：《基于心理契约的新生代农民工就业问题研究》，博士学

位论文，山东大学 2013 年。

　　［86］张璐、黄溪、惠源：《新生代农民工自我身份认同影响因素分析》，《广西经济管理干部学院学报》2009 年第 4 期。

　　［87］张世勇：《新生代农民工逆城市化流动：转变的发生》，《南京农业大学学报（社会科学版）》2014 年第 1 期。

　　［88］张淑华、李海莹、刘芳：《身份认同研究综述》，《心理研究》2012 年第 5 期。

　　［89］张雄：《农民工身份认同的影响因素研究》，博士学位论文，复旦大学 2010 年。

　　［90］郑功成、黄黎若莲等：《中国农民工问题与社会保护》，人民出版社 2007 年版。

　　［91］钟兵：《新型城镇化中新生代农民工人力资本化研究》，《宏观经济管理》2016 年第 8 期。

　　［92］周柏春、娄淑华：《公共政策视角下的新生代农民工城市融入问题探究》，《农村经济》2017 年第 8 期。

　　［93］周浩、龙立荣：《共同方法偏差的统计检验与控制方法》，《心理科学进展》2004 年第 6 期。

　　［94］周密、张广胜、杨肖丽、李旻、江金启、戚迪明：《城市规模、人力资本积累与新生代农民工城市融入决定》，《农业技术经济》2015 年第 1 期。

　　［95］周明建、宝贡敏：《组织中的社会交换：由直接到间接》，《心理学报》2005 年第 4 期。

　　［96］邹英：《新生代农民工自我身份认同困境的社会学分析》，硕士学位论文，吉林大学 2007 年。

　　［97］佐藤宏、李实：《中国农村地区的家庭成分、家庭文化和教育》，《经济学（季刊）》2008 年第 4 期。

［98］淦未宇、刘伟、徐细雄：《组织支持感对新生代农民工离职意愿的影响效应研究》，《管理学报》2015 年第 11 期。

［99］Adams, J. S., 1965, "Inequity in social exchange", In *Advances in Experimental Social Psychology*, Academic Press, Vol. 2, pp. 267-299.

［100］Allen, D. G., Shore, L. M., Griffeth, R. W., 2003, "The role of perceived organizational support and supportive human resource practices in the turnover process", *Journal of Management*, Vol. 29 (1), pp. 99-118.

［101］Allen, N. J., Meyer, J. P., 1990, "The measurement and antecedents of affective, continuance and normative commitment to the organization", *Journal of Occupational Psychology*, Vol. 63, pp. 1-18.

［102］Meyer, J. P., & Allen, N. J., 1997, *Commitment in the Workplace: Theory, Research, and Application*, Sage.

［103］Argyris, C., 1960, *Understanding Organizational Behavior*, Homewood III, The Dorsey Press.

［104］Armeli, S., Eisenberger, R., Fasolo, P., et al., 1998, "Perceived organizational support and police performance: The moderating influence of socioemotional needs", *Journal of Applied Psychology*, Vol. 83 (2), pp. 288-297.

［105］Aryee, S., Budhwar, P. S., Chen, Z. X., 2002, "Trust as a Mediator of the Relationship between Organizational Justice and Work Outcomes: Test of a Social Exchange Model", *Journal of Organizational Behavior*, Vol. 23 (3), pp. 267-285.

［106］Aselage, J., Eisenberger, R., 2003, "Perceived organizational support and psychological contracts: A theoretical integration", *Journal of Organizational Behavior*, Vol. 24 (5), pp. 491-509.

［107］ Bass, B. M., 1990, "From transactional to transformational leadership: Learning to share the vision", *Organizational Dynamics*, Vol. 18 (3), pp. 19-31.

［108］ Barnard, C., 1938, *The Functions of the Executive*, Cambridge/ Mass.

［109］ Basu, R., Green, S. G., 1997, "Leader-member exchange and transformational leadership: An empirical examination of innovative behaviors in leader-member dyads", *Journal of Applied Social Psychology*, Vol. 27 (6), pp. 477-499.

［110］ Bauer, M. W., 2008, "Introduction: Organizational change, management reform and EU policy - making", *Journal of European Public Policy*, Vol. 15 (5), pp. 627-647.

［111］ Blau P. M., 1964, *Exchange and Power in Social Life*, Transaction Publishers.

［112］ Burke, M. J., Brief, A. P., & George, J. M., 1993, "The role of negative affectivity in understanding relations between self - reports of stressors and strains: a comment on the applied psychology literature", *Journal of Applied Psychology*, Vol. 78 (3), p. 402.

［113］ Burke, P. J., 1991, "Identity processes and social stress", *American Sociological Review*, pp. 836-849.

［114］ Burke, P. J., Reitzes, D. C., 1981, "The link between identity and role performance", *Social Psychology Quarterly*, pp. 83-92.

［115］ Chen, G., Klimoski, R. J., 2003, "The impact of expectations on newcomer performance in teams as mediated by work characteristics, social exchanges, and empowerment", *Academy of Management Journal*, Vol. 46 (5), pp. 591-607.

[116] Coyle -Shapiro, J. A. M., Kessler I., 2000, "Consequences of the psychological contract for the employment relationship: A large scale survey", *The Journal of Management Studies*, Vol, 39 (7), pp. 903-930.

[117] Conway, N., Briner, R. B., 2005, *Understanding Psychological Contracts at Work: A Critical Evaluation of Theory and Research*, Oxford University Press,

[118] Cleveland, J. N., & Shore, L. M., 1992, "Self-and supervisory perspectives on age and work attitudes and performance", *Journal of Applied Psychology*, Vol. 77 (4), p. 469.

[119] Cropanzano, R., Howes, J. C., Grandey, A. A., Toth, P., 1997, "The relationship of organizational politics and support to work behaviors, attitudes, and stress", *Journal of Organizational Behavior*, pp. 159-180.

[120] Dienesch, R. M., Liden, R. C., 1986, "Leader-member exchange model of leadership: A critique and further development", *Academy of Management Review*, Vol. 11 (3), pp : 618-634.

[121] Deaux, K., 1993, "Reconstructing social identity", *Personality and Social Psychology Bulletin*, Vol. 19 (1), pp. 4-12.

[122] Duchon, D., Green S. G., Taber T. D., 1986, "Vertical dyad linkage: A longitudinal assessment of antecedents, measures, and consequences", *Journal of Applied Psychology*, Vol. 71 (1), p. 56.

[123] Durao, D., Sarmento, M., Varela, V., et al., 2005, "Virtual and rea-estate science and technology parks: A case study of Tagus Park", *Technovation*, Vol. 25 (3), pp. 237-244.

[124] Eisenbegrer, R., Hutchison, S., Sowa, D., 1986, "Perceived organizational support", *Journal of Applied Psychology*, Vol. 71,

pp. 500−507.

[125] Eisenberger, R., Stinglhamber, F., Vandenberghe, C., Sucharski, L., Rhoades, L., 2002, "Perceived supervisor support: contributions to perceived organizational support and employee retention", *Journal of Applied Psychology*, Vol. 87, pp. 565−573.

[126] Eisenberger, R., Cotterell, N., Marvel, J., 1987, "Reciprocation ideology", *Journal of Personality and Social Psychology*, Vol. 53, pp. 743−750.

[127] Emerson, R. M., 1981, *Social Psychology: Sociological Perspectives*, New York: Basic Books.

[128] Erdogan, B., Kraimer, M. L., Liden, R. C, 2004, "Work value congruence and intrinsic career success: the compensatory roles of leader − member exchange and perceived organizational support", *Personnel Psychology*, Vol. 57 (2), pp. 305−332.

[129] Erikson E. H., 1964, "A memorandum on identity and Negro youth", *Journal of Social Issues*, Vol. 20 (4), pp. 29−42.

[130] Gouldner, H. P., 1960, "Dimensions of organizational commitment", *Administrative Science Quarterly*, pp. 468−490.

[131] Graen, G. B., Cashman, J., 1975, "*A role−making model of leadership in formal organizations: A developmental approach*", In: J. G. Hunt & L. L. Larson Eds., *Leadership Frontiers*, Kent, OH: Kent State University Press.

[132] Graen, G. B., Dansereau Jr, F., Minami, T., 1972, "Dysfunctional leadership styles", *Organizational Behavior and Human Performance*, Vol. 7 (2), pp. 216−236.

[133] Graen, G. B., Linden, R. C. Hoel, 1982, "Role of leadership

on the employees withdrawal process", *Journal of Applied Psychology*, Vol. 6, pp. 868-872.

［134］Graen, G. B. , Uhl-Bien, M., 1995, "Relationship-based approach to leadership: Development of leader – member exchange (LMX) theory of leadership over 25 years: Applying a mufti-level mufti-domain perspective", *Leadership Quarterly*, Vol. 6 (2), pp. 219-247.

［135］Graen, G., 1976, "Role-making processes within complex organizations", *Handbook of Industrial and Organizational Psychology*, pp. 1201, 1245.

［136］Graen, G., & Cashman, J. F., 1975, "A role-making model of leadership in formal organizations: A developmental approach", *Leadership Frontiers*, Vol. 143, p. 165.

［137］Grant, D., "HRM, rhetoric and the psychological contract: a case of 'easier said than done' ", *International Journal of Human Resource Management*, 1999, 10 (2), pp. 327-350.

［ 138 ］ Green, S., Anderson, S., Shivers, S. L. , 1996, "Demographic and organizational influences on leader – member exchange and related work attitudes", *Organizational Behavior and Human Decision Processes*, Vol. 66 (2), pp. 203-214

［139］Gross, E., Etzioni, A., 1985, *Organizations in Society*, Englewood Cliffs, N. J.: Prentice-Hall.

［140］Guest, D., Conway, N., 1998, *Fairness at Work and the Psychological Contract (Issues in People Management)*, London: Institute of Personnel and Development.

［141］Guzzo, R., Noonan, K., Elron, E., 1994, "Expatriate managers and the psychological contract", *Journal of Applied Psychology*, Vol.

79, pp. 617-626.

[142] Herriot, P., Pemberion, C., 1997, "Facilitating new deals", *Human Resource Management Journal*, Vol. (7), pp. 45-56.

[143] Holmes, John G., 1981, "The exchange process in close relationships", *The Justice Motive in Social Behavior*, Springer, Boston, MA, pp. 261-284.

[144] Hochwarter, W. A., Kacmar, C., Perrewe, P. L., et al., 2003, "Perceived organizational support as a mediator of the relationship between politics perceptions and work outcomes", *Journal of Vocational Behavior*, Vol. 63 (3), pp. 438-456.

[145] Homans, G. C., 1958, "Social behavior as exchange", *American Journal of Sociology*, Vol. 63 (6), pp. 597-606.

[146] Hui, C., Law, K. S., Chen, Z. X., 1999, "A structural equation model of the effects of negative affectivity, leader-member exchange, and perceived job mobility on in-role and extra-role performance: A Chinese case", *Organizational Behavior and Human Decision Processes*, Vol. 77 (1), pp. 3-21.

[147] Jiwen Song, Lynda, Anne S. Tsui, and Kenneth S. Law, 2009, "Unpacking employee responses to organizational exchange mechanisms: The role of social and economic exchange perceptions", *Journal of Management*, Vol. 35 (1), pp. 56-93.

[148] Kelly, H. H., Thibaut, J. W., 1959, *The Social Psychology of Groups*, New York.

[149] Kickul, J., & Lester, S. W., 2001, "Broken promises: Equity sensitivity as a moderator between psychological contract breach and employee attitudes and behavior", *Journal of Business and Psychology*, Vol. 16 (2),

pp. 191-217.

[150] Kovel, J., 1988, *The Radical Spirit*: *Essays on Psychoanalysis and Society*, Free Association Books.

[151] Leventhal, Gerald, S., "What should be done with equity theory?" *Social Exchange*, Springer: Boston, 1980, pp. 27-55.

[152] Levinson, H., Price, C. R., Munden, K. J., Solley, C. M., 1962, *Men*, *Management*, *and Mental Health*, Cambridge. MA: Harvard University Press.

[153] Lester, S. W., Turnley, W. H., Bloodgood, J. M., & Bolino, M. C., "Not seeing eye to eye: Differences in supervisor and subordinate perceptions of and attributions for psychological contract breach", *Journal of Organizational Behavior*, 2002, 23 (1), pp. 39-56.

[154] Liden, R. C., Maslyn, J. M., 1998, "Multidimensionality of leader - member exchange: An empirical assessment through scale development", *Journal of Management*, Vol. 24 (1), pp. 43-72.

[155] Locke, E. A., & Latham, G. P., 1990, "Work motivation and satisfaction: Light at the end of the tunnel", *Psychological Science*, Vol. 1 (4), pp. 240-246.

[156] Lo, S., & Aryee, S., 2003, "Psychological contract breach in a Chinese context: An integrative approach", *Journal of Management Studies*, Vol. 40 (4), pp. 1005-1020.

[157] Liden, R. C., Sparrowe, R., Wayne, S., 1997, "Leader-member exchange theory: the past and potential for the future", *Research in Personnel and Human Resource Management*, Vol. 15 (1), pp. 47-119.

[158] MacNeil, I. R., 1985, "Relational contract: what we do and do not know", *Wisconsin Law Review*, Vol. 10, pp. 483-525.

[159] Marcia, J. E., 1980, "Identity in adolescence", *Handbook of Adolescent Psychology*, pp. 159–187.

[160] Masterson, S. S., Lewis, K., Goldman, B. M., & Taylor, M. S., 2000, "Integrating justice and social exchange: The differing effects of fair procedures and treatment on work relationships", *Academy of Management Journal*, Vol. 43 (4), pp. 738–748.

[161] Meyer, J. P. Allen, N. J., 1997, *Commitment in the Workplace*, Thousand Oaks, CA: Sage.

[162] Meyer, J. P., Smith, C. A., 2000, "HRM practices and organizational commitment: Test of a mediation model", *Canadian Journal of Administrative Sciences*, Vol. (4), pp. 319–332.

[163] Millward, L. J., Hopkins, L. J., 1998, "Psychological contracts, organizational and job commitment", *Journal of Applied Social Psychology*, Vol. 28 (16), pp. 1530–1556.

[164] Moag, J. S., 1986, "Interactional justice: Communication criteria of fairness", *Research on Negotiation in Organizations*, Vol. (1), pp. 43–55.

[165] Morrison, E. W., Robinson, S. L., 1997, "When employees feel betrayed: A psychological model of how contract violation develops", *Academy of Management Review*, Vol. (22), pp. 226–256.

[166] Mowday, R. T., Porter, L. W., and Steers, R. M., 1982, *Employee – Organization Linkage*, *The Psychology of Commitment Absenteeism*, *and Turn Over*, Academic Press Inc., London.

[167] Mullen, B., Brown, R., Smith, C., 1992, "Ingroup bias as a function of salience, relevance, and status: An integration", *European Journal of Social Psychology*, Vol. 22 (2), pp. 103–122.

[168] Rhoades, L., Eisenberger, R., 2002, "Perceived organizational support: A review of the literature", *Journal of Applied Psychology*, Vol. 87 (4), pp. 698-714.

[169] Robinson, S. L., Rousseau, D. M., 1994, "Violating the psychological contract: Not the exception but the norm", *Journal of Organizational Behavior*, Vol. (15), pp. 245-259.

[170] Robinson, S. L., Rousseau, D. M., 1994, "Violating the psychological contract: Not the exception but the norm", *Journal of Organizational Behavior*, Vol. (15), pp. 245-259.

[171] Robinson, S. L., 1996, "Trust and breach of the psychological contract", *Administrative Science Quarterly*, pp. 574-599.

[172] Robinson, S. L., Morrison, E. W., 2000, "The development of psychological contract breach and violation: A longitudinal study", *Journal of Organizational Behavior*, Vol. 21 (5), pp. 525-546.

[173] Rousseau, D. M., 1989, "Psychological and implied contracts in organizations", *Employee Responsibilities and Rights Journal*, Vol. (2), pp. 121-139.

[174] Rousseau, D. M., Tijoriwala, S. A., 1998, "Assessing psychological contracts: Issues, alternatives and measures", *Journal of Organizational Behavior*, Vol. (19), pp. 679-695.

[175] Rousseau, D. M., 1990, "New hire perceptions of their own and their employer's obligations: A study of psychological contracts", *Journal of Organizational Behavior*, Vol. (11), pp. 389-400.

[176] Scandura, T. A., & Graen, G. B., 1984, "Moderating effects of initial leader-member exchange status on the effects of a leadership intervention", *Journal of Applied Psychology*, Vol. 69 (3), p. 428.

[177] Schein, E. H., 1965, *Organizational Psychology*, Englewood Cliff, NJ: Prentice Hall.

[178] Schriesheim, C. A., Neider, L. L., Scandura, T. A., 1998, "Delegation and leader - member exchange: Main effects, moderators, and measurement issues", *Academy of Management Journal*, Vol. 41 (3), pp. 298-318.

[179] Seers, A., Petty, M. M., Cashman, J. F., 1995, "Team - member exchange under team and traditional management: A naturally occurring quasi - experiment", *Group & Organization Management*, Vol. 20 (1), pp. 18-38.

[180] Shore, L., Tetrich, L., 1991, "A construct validity study of the survey of perceived organizational support", *Journal of Applied Psychology*, Vol. (81), pp. 637-643.

[181] Shore, L. M., Shore, T. H., "Perceived organizational support and organizational justice", In: R. S. Corperate, K. M. Kacmer (Eds.), 1995, *Organizational Politics, Justice, and Support: Managing the Social Climate of the Workplace*, Westport, CT: Quorum.

[182] Shore, L. M., Tetrick, L. E., Lynch, P., & Barksdale, K., 2006, "Social and economic exchange: Construct development and validation", *Journal of Applied Social Psychology*, Vol. 36 (4), pp. 837-867.

[183] Stryker, S., 1980, *Symbolic Interactionism: A Social Structural Version*, Benjamin-Cummings Publishing Company.

[184] Tajfel, H., 1978, *Differentiation between Social Groups: Studies in the Social Psychology of Intergroup Relations*, Academic Press, London.

[185] Tekleab, Amanuel G., Riki Takeuchi, and M. Susan Taylor., 2005, "Extending the chain of relationships among organizational justice,

social exchange, and employee reactions: The role of contract violations",
Academy of Management Journal,, Vol. 48 (1), pp. 146–157.

[186] Thibaut, J. W., Walker, L., 1975, *Procedural Justice: A Psychological Analysis*, L. Erlbaum Associates.

[187] Thibaut, J. W., Kelley, H. H., 1959, *The Social Psychology of Group*, New York: Weily.

[188] Thomas, K. W., & Velthouse, B. A., 1990, "Cognitive elements of empowerment: An 'interpretive' model of intrinsic task motivation", *Academy of Management Review*, Vol. 15 (4), pp. 666–681.

[189] Townsend, J. C., Silva, N. D., Mueller, L., Curtin, P., Tetrick, L. E., 2002, "Attributional complexity: A link between training, job complexity, decision latitude, leader – member exchange, and performance", *Journal of Applied Social Psychology*, Vol. 32 (1), pp. 207–221.

[190] Turnley, W. H., Bolino M. C., Lester S. W., et al., 2003, "The impact of psychological contract fulfillment on the performance of in–role and organizational citizenship behaviors", *Journal of Management*, Vol. 29 (2), pp. 187–206.

[191] Turnley, W. H., Feldman, D. C., 1999, "The impact of psychological contract violations on exit, voice, loyalty, and neglect", *Human Relations*, Vol. 52 (7), pp. 895–922.

[192] Turnley, W. H., Mark C., Bolino, Scott, W. L., James M., Bloodgood, 2003, "The impact of psychological contract fulfillment on the performance of in role and organizational citizenship behaviors", *Journal of Management*, Vol. 5 (5), pp. 187–206.

[193] Turnley, W. H., & Feldman, D. C., 1998, "Psychological contract violations during corporate restructuring", *Human Resource Management*,

Published in Cooperation with the School of Business Administration, The University of Michigan and in alliance with the Society of Human Resources Management, Vol. 37 (1), pp. 71–83.

[194] Vandenberghe, C., Bentein, K., Stinglhamber, F., 2004, "Affective commitment to the organization, supervisor, and work group: antecedents and outcomes", *Journal of Vocational Behavior*, Vol. 64 (1), pp. 47–71.

[195] Wayne, S. J., Shore, L. M., Liden, R. C., 1997, "Perceived organizational support and leader–member exchange: A social exchange perspective", *Academy of Management Journal*, Vol. 40, p. 82.

[196] Wright, S. C., Taylor D. M., Moghaddam, F. M., 1990, "Responding to membership in a disadvantaged group: From acceptance to collective protest", *Journal of Personality and Social Psychology*, Vol. 58 (6), p. 994.

[197] Wang, H., Zhong, C. B., Farth, J. L., Aryee, S., 2000, "Perceived organizational support in the People's Republic of China: An exploratory study", *Asia Academy of Management*, Singapore, pp. 3–12.

[198] Wayne, S. J., Green, S. A., 1993, "The Effects of leader–member exchange on employee citizenship and impression management behavior", *Human Relations*, Vol. 46 (12), pp. 1431–1440.

[199] Wayne, S. J., Shore, L. M., Liden, R. C, 1997, "Perceived organizational support and leader–member exchange: A social exchange perspective", *Academy of Management Journal*, Vol. 40 (1), pp. 82–111.

[200] Williams, L. J., Anderson, S. E., 1991, "Job satisfaction and organizational commitment as predictors of organizational citizenship and in-role behaviors", *Journal of Management*, Vol. 17 (3), pp. 601–617.

［201］Jiwen Song, L., Tsui, A. S., & Law, K. S., 2009, "Unpacking employee responses to organizational exchange mechanisms: The role of social and economic exchange perceptions", *Journal of Management*, Vol. 35 (1), pp. 56-93.

［202］Lester, S. W., Turnley, W. H., Bloodgood, J. M., & Bolino, M. C., 2002, "Not seeing eye to eye: Differences in supervisor and subordinate perceptions of and attributions for psychological contract breach", *Journal of Organizational Behavior*, Vol. 23 (1), pp. 39-56.

［203］Zhao, Z., 2010, "Migration, labor market flexibility, and wage determination in china: a review", *Developing Economies*, Vol. 43 (2), pp. 285-312.

附录1 产业园区新生代农民工组织内交换与心理行为作用机制问卷汇总

题项	问卷	来源
	组织内社会性交换问卷	
SE-1	我的组织在我身上投入了很多钱	借鉴 Shore, L. M., Tetrick, L. E., Lynch, P., et al. (2006)
SE-2	我现在在组织从事的工作未能让我在单位有立足之地	
SE-3	我有很多和组织交流的机会	
SE-4	我认为我为组织做的所有努力都得不到应有的回报（R）	
SE-5	我相信我现在的努力将来都会得到回报	
SE-6	我与组织的关系是基于互信的基础之上	
SE-7	我寻求为我的组织谋得最大利益，因为我相信我的单位会善待我	
SE-8	我并不是总是从单位获得应有的认可，但我知道我的努力在将来会得到回报	
	组织内经济性交换问卷	
EE-1	我与组织的关系是严格的经济关系：他们支付我的工作所得的酬劳	借鉴 Shore, L. M., Tetrick, L. E., Lynch, P., et al. (2006)
EE-2	我不关心组织是否为我做长远打算，我只关心现在他们做了什么	
EE-3	我的付出等同我得到的报酬及福利	
EE-4	仅当组织为我做更多事情的时候，我才会为组织付出更多	
EE-5	我会非常在意对组织的工作付出和获取是否成正比	

续表

题项	问卷	来源
	组织内经济性交换问卷	
EE-6	我真正期望的是组织能够为我的工作成果支付报酬	
EE-7	最为准确地描述我的工作状态为：我的工作量和我的收入相符	
EE-8	我与组织的关系是公事公办的：我很少在工作中投入情感	
EE-9	组织要求我做什么我就做什么，因为组织支付我酬劳	
	身份认同问卷	
ID-1	我觉得我现在还是农民	借鉴赵田田（2011）
ID-2	我觉得我现在还不是市民（R）	
ID-3	我是农民，这个身份对我而言很重要	
ID-4	作为农民，我认同这个群体	
ID-5	作为农民，我与农民兄弟有很强的联系	
ID-6	作为农民，我认为自己属于这个大家庭	
ID-7	作为农民，我很高兴我属于这个大家庭	
ID-8	我总是找借口不想让别人知道我的农民身份（R）	
	心理契约破裂问卷	
PCB-1	至今为止我的老板遵守了所有在招聘我时许下的承诺（R）	借鉴 Robinson, S. L., Morrison, E. W.（2000）
PCB-2	我觉得我的老板实现了在雇佣期间给我许下的承诺（R）	
PCB-3	目前为止我的老板在履行承诺方面做得相当不错（R）	
PCB-4	我为企业做出贡献但我并未得到当初许诺给我的任何东西	
PCB-5	尽管我遵守了我的承诺，老板却违背了许多他对我许下的承诺	
	情感承诺问卷	
AC-1	我对组织有强烈归属感	借鉴凌文辁（2006）
AC-2	我以在当前企业工作为荣	
AC-3	我会一直留在现在的企业	
AC-4	企业的问题就是自己的问题	
	角色内行为问卷	
IRB-1	我完成了工作描述的所有责任	

题项	问卷	来源
	角色内行为问卷	
IRB-2	我总是达到我工作需要的绩效	借鉴王文 (2011)
IRB-3	我一丝不苟地完成企业要我完成的工作任务	
IRB-4	我充分完成了企业安排给我的所有职责	
IRB-5	我有时没有完成我必须的职责（R）	
IRB-6	我有时会忽略我应该完成工作的某些部分（R）	
	离职意愿问卷	
TI-1	我经常考虑辞职	借鉴曾垂凯 (2012)
TI-2	我明年也许会寻找一份新的工作	
TI-3	有多大可能你明年会辞职并找一份新的工作？	
	工作满意度问卷	
JS-1	我对目前的工作相当满意	借鉴 Hochwarter, W. A., Kacmar, C., Perrewe, P. L., et al. (2003)
JS-2	绝大多数时间我能对目前的工作保持热情	
JS-3	每一天的工作好像都看不到尽头（R）	
JS-4	我认为我的工作是非常让人愉快的	
JS-5	我真的感觉非常享受现在的工作	
	产业园区完善度问卷	
EM-1	我的企业或者园区能为我提供干净整洁的宿舍	自编
EM-2	我附近有完善的商业中心（超市、平价餐饮及旅馆等），日常生活需求可以得到满足	
EM-3	我附近交通很方便，班车或者公车可以让我方便地到达我想要去的地方	
EM-4	我附近有可以让我锻炼身体的公共区域或者设施（篮球场、足球场及健身器械等）	
EM-5	我所在的区域生态环境好，绿化覆盖率高	
EM-6	我附近有社区医疗服务点或者医院，当我病了的时候可以及时得到医治	
EM-7	我可以方便地去到附近的政府机构或办事处（街道办事处、劳动保障及警察局等）办理相关事宜	
EM-8	我周围有丰富的教育资源（夜大、幼儿园等），我可以进一步提升自己或者更好地培育下一代	

附录 2 "产业园区完善程度问卷开发"访谈提纲

一、访谈指导语

您好！首先，非常感谢您能够接受本次关于"产业园区完善程度"等问题的访谈。我们正在从事一项有关企业员工管理的调查研究，为了使研究成果能够更好地为现实管理及公共政策的制定提供参考，请您尽量为我们提供更多的信息。由于您的信息为我们研究提供了宝贵的素材，在此非常感谢您的配合！本次访谈内容仅作为研究资料匿名使用，并且我们郑重承诺所有相关资料将严格保密，并对将严格保护您的个人信息及隐私。谢谢您的支持！

二、访谈内容

1. 请您大致描述下您的个人基本信息：包括您的年龄、户籍、学历、工作年限、婚姻状况等。

2. 请您大致描述下您现在所在企业的基本情况：企业性质、所属行业、企业规模等。

3. 请您大致描述下您现在的职务内容。

4. 您喜欢现在所从事的工作吗？为什么喜欢或者为什么不喜欢？

5. 您满意现在的生活状态吗？如果满意，有哪些方面让您觉得很满意？如果不满意，有哪些方面让您觉得存在改善的空间？

6. 您满意现在的工作环境吗？如果满意，有哪些方面让您觉得很满意？如果不满意，有哪些方面让您觉得存在改善的空间？

7. 您觉得目前所在的产业园区，有哪些方面让您觉得很满意，为您的生活提供了便利？

8. 您觉得目前所在的产业园区有哪些方面给您的生活带来了困扰以及不便利？

9. 您会考虑离开目前所在的企业吗？为什么会离开或者为什么不会离开？

10. 您会考虑离开目前所在的产业园区吗？为什么会离开或者为什么不会离开？

附录3 产业园区规划完善程度
开放式调查问卷

您好，衷心感谢您参与我们的研究。本问卷不记名，您所提供的全部内容仅用于学术研究，请按照您的真实想法作答。我们承诺本问卷不会用于本研究之外，并且内容不会向其他人公开。

这是一份关于产业园区规划完善程度的调查问卷。产业园区不仅是提供就业职位的场地，同时也是满足员工日常生活需求的场所。请您列举出您认为理想的产业园区规划中应该包含的规划内容（我所在的园区应该建设哪些设施或者项目），并将您的答案写在下方的横线上。条目不限，越多越好。

谢谢您的支持和宝贵意见！

你认为，产业园区应具体规划哪些内容？（您所在的园区应该建设哪些设施或者项目）？

请至少写出6条。

例如：完善的公共交通设施。

良好的配套居住环境。

_____

_____

_____

附录4 调查问卷条目

亲爱的女士/先生：

您好！我们正在从事一项有关企业员工的调查研究，为了使研究成果能够为现实管理活动和制定公共政策提供参考，本项研究需要通过问卷调查收集数据进行实证分析研究。恳请您在百忙之中抽出宝贵时间填写本次问卷。调查采取匿名方式进行，问卷部分内容涉及您的一些基本信息，我们郑重承诺相关资料将严格保密。谢谢您的支持！

请于您认为符合情况的选项中用"√"选择最为接近您行为、想法或感觉的选项。

第一部分：本部分主要填写您的基本信息。

性别：（1）男　（2）女　　婚姻状况：（1）已婚已育　（2）已婚未育　（3）未婚未育

户籍：＿＿＿＿省＿＿＿＿市　　户籍性质：（1）农村户口　（2）城镇户口

年龄：（1）16—20岁　（2）21—25岁　（3）26岁—30岁（4）31—35岁

学历：（1）初中及以下　（2）高中（中专）　（3）大专　（4）本科（5）硕士及以上

工作年限：（1）0—3年　（2）4—6年　（3）7—10年　（4）11—15年　（5）15年及以上

您在本企业工作年限是：（1）0—3 年 （2）4—6 年 （3）7—10年 （4）11—15 年 （5）15 年及以上

第二部分：根据您自身以及在企业中的情况，在您认为最为符合您实际情况的选项中选"√"

（1—完全不同意，2—不同意，3—不太同意，4—有点同意，5—同意，6—完全同意）

我的企业在我的身上投资了很多钱	1	2	3	4	5	6
我现在工作能让我在企业长远发展	1	2	3	4	5	6
我有很多机会能够和企业进行交流	1	2	3	4	5	6
我相信我现在的努力将来都会得到回报	1	2	3	4	5	6
我与企业的关系是基于互信的基础之上	1	2	3	4	5	6
我会努力为企业打拼，因为我相信企业会善待我	1	2	3	4	5	6
我的努力并非总是得到认可，但我相信将来会得到回报	1	2	3	4	5	6

我与企业是严格的经济关系：我工作，它付酬	1	2	3	4	5	6
我不关心企业是否为我做长期规划，我只关心现在他们怎么对我	1	2	3	4	5	6
只有当企业为我做更多事情的时候，我才会为企业付出更多	1	2	3	4	5	6
我非常在意对企业的付出和回报是否成正比	1	2	3	4	5	6
我最希望的是企业能够为我的工作成果支付报酬	1	2	3	4	5	6
我现在的工作状态就是：我的工作量要和我的收入相符	1	2	3	4	5	6
企业要我做什么就做什么：只因为他们付给我工资	1	2	3	4	5	6

我觉得我现在还是农民	1	2	3	4	5	6
我觉得我现在还不是市民	1	2	3	4	5	6
我是农民，这个身份对我而言很重要	1	2	3	4	5	6
作为农民，我认同这个群体	1	2	3	4	5	6
作为农民，我与农民兄弟有很强的联系	1	2	3	4	5	6
作为农民，我认为自己属于这个大家庭	1	2	3	4	5	6
作为农民，我很高兴我属于这个大家庭	1	2	3	4	5	6
我总是找借口不想让别人知道我的农民身份	1	2	3	4	5	6

至今为止老板遵守了在招聘我时许下的所有承诺	1	2	3	4	5	6
我觉得老板实现了在雇佣期间给我许下的承诺	1	2	3	4	5	6
至今为止老板在履行承诺方面做得相当不错	1	2	3	4	5	6
我为企业做出了贡献但并未得到当初许诺的任何东西	1	2	3	4	5	6
尽管我遵守了我的承诺，老板却违背了许多他许下的承诺	1	2	3	4	5	6

我对现在企业有强烈归属感	1	2	3	4	5	6
我以在现在企业工作为荣	1	2	3	4	5	6
我会一直留在现在的企业	1	2	3	4	5	6

我完成了工作岗位要求的所有责任	1	2	3	4	5	6
我总是达到了我工作需要的绩效目标	1	2	3	4	5	6
我认真地完成了企业交代的工作任务	1	2	3	4	5	6

我经常会考虑辞职	1	2	3	4	5	6
我明年也许会寻找一份新的工作	1	2	3	4	5	6
有多大可能你明年会辞职并找一份新的工作？	1	2	3	4	5	6

我对目前的工作相当满意	1	2	3	4	5	6
绝大多数时间我能对目前的工作保持热情	1	2	3	4	5	6
每一天的工作好像都看不到尽头	1	2	3	4	5	6
我认为我的工作是非常愉快的	1	2	3	4	5	6
我真的感觉非常享受现在的工作	1	2	3	4	5	6

我的企业或者园区能为我提供干净整洁的宿舍	1	2	3	4	5	6
我附近有完善的商业服务（超市、平价餐饮及旅馆等），日常生活需求可以得到满足	1	2	3	4	5	6
我附近交通很方便，公共交通可以让我方便地到达我想要去的地方	1	2	3	4	5	6
我附近有可以让我锻炼身体的公共区域或者设施（篮球场、足球场及健身器械等）	1	2	3	4	5	6

续表

我所在的区域生态环境好，绿化覆盖率高	1	2	3	4	5	6
我可以方便去到附近政府机构或办事处（街道、劳动保障及派出所等）办理相关事宜	1	2	3	4	5	6
我周围有丰富的教育资源（培训机构、学校），可以进一步提升自己或更好地培育下一代	1	2	3	4	5	6

谢谢您的支持！祝您万事顺意！

附录5 正式调研各变量测量题项统计描述

正式调研各变量测量题项统计描述（N=1223）

	均值统计量	标准差统计量	偏度		峰度	
			统计量	标准误差	统计量	标准误差
SE_1	2.65	1.340	0.435	0.070	−0.719	0.140
SE_2	3.49	1.289	−0.186	0.070	−0.778	0.140
SE_3	3.56	1.315	−0.253	0.070	−0.791	0.140
SE_4	4.29	1.183	−0.809	0.070	0.367	0.140
SE_5	4.36	1.119	−0.900	0.070	0.587	0.140
SE_6	4.27	1.208	−0.874	0.070	0.384	0.140
SE_7	4.37	1.136	−0.971	0.070	0.796	0.140
EE_1	4.52	1.218	−0.943	0.070	0.423	0.140
EE_2	3.35	1.307	0.083	0.070	−0.709	0.140
EE_3	3.32	1.342	0.056	0.070	−0.762	0.140
EE_4	4.10	1.232	−0.402	0.070	−0.373	0.140
EE_5	4.63	1.028	−0.896	0.070	0.940	0.140
EE 6	4.22	1.137	−0.720	0.070	0.358	0.140
ID_1	4.20	1.367	−0.496	0.070	−0.743	0.140
ID_2	3.75	1.377	−0.161	0.070	−0.746	0.140
ID_3	4.66	1.072	−1.030	0.070	1.182	0.140
ID_4	4.52	1.100	−0.716	0.070	0.189	0.140
ID_5	4.62	1.070	−0.938	0.070	0.910	0.140
ID_6	4.54	1.161	−0.948	0.070	0.702	0.140

续表

	均值 统计量	标准差 统计量	偏度		峰度	
			统计量	标准误差	统计量	标准误差
PCB_1	2.90	1.268	0.764	0.070	0.014	0.140
PCB_2	2.98	1.222	0.692	0.070	0.030	0.140
PCB_3	2.96	1.170	0.637	0.070	0.136	0.140
PCB_4	3.14	1.259	0.121	0.070	−0.536	0.140
PCB_5	2.96	1.312	0.315	0.070	−0.606	0.140
AC_1	3.81	1.242	−0.399	0.070	−0.299	0.140
AC_2	3.97	1.169	−0.535	0.070	0.012	0.140
AC_3	3.60	1.310	−0.249	0.070	−0.612	0.140
IRB_1	4.65	0.974	−0.941	0.070	1.355	0.140
IRB_2	4.44	0.962	−0.610	0.070	0.676	0.140
IRB_3	4.78	0.901	−1.006	0.070	1.722	0.140
TI_1	2.90	1.323	0.421	0.070	−0.433	0.140
TI_2	3.25	1.376	0.038	0.070	−0.838	0.140
TI_3	3.18	1.416	0.145	0.070	−0.797	0.140
JS_1	3.85	1.147	−0.363	0.070	−0.060	0.140
JS_2	4.32	1.080	−0.739	0.070	0.559	0.140
JS_3	3.72	1.328	−0.232	0.070	−0.641	0.140
JS_4	4.00	1.131	−0.443	0.070	−0.031	0.140
JS_5	3.76	1.214	−0.351	0.070	−0.309	0.140
EM_1	4.13	1.336	−0.720	0.070	−0.130	0.140
EM_2	4.22	1.259	−0.835	0.070	0.227	0.140
EM_3	4.17	1.220	−0.663	0.070	0.134	0.140
EM_4	4.06	1.226	−0.665	0.070	0.180	0.140
EM_5	3.99	1.212	−0.507	0.070	−0.182	0.140
EM_6	4.09	1.194	−0.582	0.070	−0.056	0.140
EM_7	3.86	1.334	−0.414	0.070	−0.553	0.140

附录6　广东省佛山市顺德区新生代农民工劳动关系现状调研报告

一、导言

（一）调研背景

构建和谐劳动关系体系事关经济持续发展和社会和谐稳定。目前，中国经济发展步入新常态。经济下行压力加大、经济结构调整加快，经济发展出现了新矛盾、新问题。一些粗放型、低效益、高耗能的企业需要关停并转，一些工作岗位将被调整，部分劳动者面临转岗再就业的问题；随着经济结构转型升级，劳动就业转移、分化，加大了不同群体收入分配差距。我国劳动关系矛盾已进入凸显期和多发期，劳动争议案件居高不下，有的地方拖欠农民工工资等损害职工利益的现象仍较突出，集体停工和群体性事件时有发生。国家在"十三五"规划纲要中明确提出创新驱动发展战略，将促进新行业快速发展，新业态快速出现，新旧劳动关系问题将更加复杂多样。总体来说，在经济社会发展面临新形势新挑战的时代背景下，我国构建和谐劳动关系非常迫切，任务仍然艰巨繁重。

广东作为改革开放的先行地，经济发展较早进入新常态。在总体向好的同时，广东经济发展的下行压力和潜在风险不容忽视。作为广东最为发达的县（区）之一，广东省佛山市顺德区是全国重要的制造业基地和县域经济的排头兵，长期位列全国县域经济首位。经过30多年的高速发展，顺德区的产业结构发生了根本变化，三次产业产值结构从改革开放初期的"二、一、三"演变为以第二产业为主导的"二、三、一"。近年来，在全国经济发展下行压力不断加大的情况下，顺德区依然保持了强劲的发展势头。但是，需要指出的是，顺德区的经济发展还存在一些潜在的风险。主要表现在顺德产业结构调整升级滞后于经济增长的水平，对第二产业的依赖性过强：制造业内部结构单一，家电等少数支柱产业占据主导地位；仍存在大量劳动密集型、创新能力较弱的企业，在全球产业链分工中仍处于较低端的位置。并且，很多产品技术含量低，附加值不高。近年来，顺德区加快了经济结构的调整和产业结构升级，积极培育和引进新兴产业，大力建设现代产业体系。2011年，工信部将顺德确定为全国首个"两化"深度融合暨智能制造试点。2013年，顺德区与广东省经信委签订了《共同推进广东省智能制造产业基地建设框架协议》。在国家与广东省政府的支持下，顺德区正努力打造国家级智能制造业产业基地，积极推动以科技促进产业结构优化，积极推动产业发展从"以量取胜"向"质、量并举""以智取胜"转变，从依靠劳动力向依靠智力支撑转变。目前，顺德区已逐渐成为广东省智能制造业最密集的地区之一。在推动传统产业向高端发展的同时，顺德区加大了对产业金融、工业设计、现代物流、电子商务、科技服务等现代服务业的扶持力度，进一步促进了产业结构的优化。

在大力推动经济结构转型的同时，顺德区不断探索社会治理模式的创新。顺德区是对外开放的先行区，也是对内改革的试验区。改革开放以来，顺德区一直承担着广东省体制改革试验区的多项重要任务。2011年，广东省将顺德区确定为广东省社会体制综合改革试验区。目前，顺德区正实施政府职能转变，创新社会管理机制和服务方式，促进政策执行和公共服务的多元化、专业化和精细化，建设"大部制、小政府、大社会"的治理模式，以扩大社会和公众参与，激发全社会的能动性和创造性。

顺德区委区政府高度重视和谐劳动关系建设，并积极探索、创新适合顺德区发展现状的劳动关系治理模式。顺德区于2011年启动创建和谐劳动关系示范区工程，规划用5年时间，在全区基本实现和谐劳动关系示范区的目标。到目前为止，全区建立创建工程示范点15个，参加创建工程企业达8955家，其中被评为国家级和谐劳动关系模范企业1家，省级和谐劳动关系先进企业5家，区级和谐劳动达标以上企业3874家。鉴于顺德区在创建和谐劳动关系工作方面取得的优异成绩，广东省政府于2013年7月向人力资源和社会保障部致函推荐顺德申报全国和谐劳动关系综合试验区。

受全球经济增长趋缓且本地生产成本上升的影响，顺德区最近几年对外贸易额下降，一批外资企业开始撤离。伴随着经济结构的优化升级，"机器换人"将成为顺德未来发展的必然趋势。在这种新的经济发展背景下，一系列劳动关系新情况、新问题也开始显现，稍有不慎，可能酿成重大劳动关系事件。目前，全区劳动关系形势总体和谐稳定，但每年仍有一定数量的劳动关系事件发生。2015年，全区共依法立案受理劳动人事争议案件4465宗，与2014年受理4010宗相比，增长幅度为11.3%。其中，2015年受理30人以上集体仲裁案件31宗，与深圳大鹏新区等县区集体劳动争议在2015年实现零案发相比，顺德区的集体仲裁案件受理数量仍然维持在较高的水平。

（二）调研目的

劳动关系是生产关系的重要组成部分，是最基本、最重要的社会关系之一。劳动关系是否和谐，关系到广大职工和企业的切身利益，而且直接关系到整个经济社会是否健康、和谐发展。伴随着顺德区经济结构的优化升级，势必对原本相对和谐稳定的劳动关系产生深刻影响。如何从源头上平衡各方的利益关系，如何发挥政府以及各种社会、企业组织在协调劳动关系中的作用，如何创新劳动关系治理模式等成为顺德区亟待解决的重要问题。在经济结构优化升级的背景下全面开展劳动关系问题调研，在顺德区具有现实迫切性。通过创建和谐劳动关系博士后创新基地，针对目前存在的问题和潜在危机，在顺德系统性地开展劳动关系调处机制与公共政策研究，进行连续系列的调查研究，并实现调查研究成果转化，不仅有助于顺德和谐劳动关系试验区建设目标的顺利实现，满足顺德创新社会管理、构建和谐劳动关系的客观需求。同时，从国家层面来看，有助于国家在这样一个劳动关系极具代表性的地区进行创建和谐劳动关系的试验，为全面推进体制制度创新、机制整合、要素集成、方法改进和能力提升，从整体层面构建中国特色和谐劳动关系新路子进行深入的探索，为全国提供可操作、可实施、可复制、可推广的有益经验。

本次调研旨在帮助政府、企业等不同组织全面了解顺德区新生代农民工劳动关系运行的现状以及存在的问题。通过对调查数据的分析，为顺德区不断完善劳动关系治理提供政策参考。

二、调研实施

为了保证获得高质量的数据，课题组在正式实施调研之前进行了多次座谈会。针对问卷的设计、样本的选择、调研的组织与实施等进行了反复讨论。通过进入企业实施的以问卷调查为主、现场访谈为辅的数据收集方式，获得了来自新生代农民工、高管以及企业等不同主体的反映劳动关系各个方面的数据，为真实了解经济结构转型以及社会治理转型背景下新生代农民工劳动关系现状提供了参考，并为进一步全面、深入地调研奠定了良好的基础。

（一）调研问卷设计

按照课题研究方案，本次调研设计了针对企业不同层次、不同对象的问卷，旨在从不同主体、角度及层面全面了解新生代农民工劳动关系运行的基本情况。问卷包括企业问卷、高管问卷以及顺德区新生代农民工状况专题调查问卷。

问卷设计经过问卷初稿形成、专家座谈、最终问卷定稿 3 个阶段完成。为保证问卷质量，课题组专门和顺德区政府相关部门及企业工会代表，就问卷初稿进行了讨论，并在借鉴国内外同类问卷的基础上，对调研问卷的题目结构与排列顺序、选项设计、语言表述等进行了修改与完善，形成了最终的问卷。企业问卷包括"企业基本情况、劳动合同、薪酬福利与社会保障、劳动安全卫生保护、员工发展与民主管理、劳动争议及调处"6 个大项 84 个问题。高管问卷包括"高管的基本情况、劳动合同、薪酬福利与社会保险、员工发展与民主管理、劳动争议及调处"5 个大项 47 个问题。员工问卷包括"个人基本信息、劳动合同与集体合同、薪酬福利和社会保险、劳动保障、员工发展与民主管理、劳动争议及调处、基本公共服务"7 个大项共 82 个问题。新生代农民工专题问卷包括"员工基本信息和自身在企业情况感知"2 个大项 64 个题目。为了全面了解新生代农民工群体对于劳动关系现实状态的感知，也为了便于数据的收集、统计和分析，上述问卷采用客观指标与主观指标相结合，且以客观指标的封闭式提问为主，并适当添加了以填空和排序为主的开放式提问。主观指标采用 5 级 Likert 量表进行测定，例如，员工管理规章制度满意度分为非常满意、比较满意、一般、不满意、很不满意 5 个等级。

（二）调研样本选择

顺德区企业与员工数量众多，且企业类型多样，分布零散，新老工业区差异明显。为了保证抽取样本的有效性,能更充分地代表顺德区经济结构的特点,并按照合理利用人力、物力、财力的原则,课题组与顺德区民政和人力资源社会保障局共同进行了样本选择。首先,课题组根据研究需要确定样本的数量,以及抽样中各类型企业的占比。然后,由顺德区民政和人力资源社会保障局、顺德区人力资源协会按照不同街镇进行分层抽样。初步拟定参与调研的企业220家,涉及顺德区的10个镇街,具体抽样为大良33家企业、容桂44家企业、北滘26家企业、勒流24家企业、杏坛11家企业、伦教18家企业、陈村20家企业、龙江24家企业、乐从10家企业、均安10家企业。从这些镇街抽调的企业都比较具有地区代表性,涵盖了顺德区不同所有权、行业、性质、规模、生产方式的企业。考虑到部分企业由于各种原因而无法参与调研,调研组又另外抽选了几十家候补调研企业,以防止最后参与调研的企业数量无法达到本次课题研究的需要。

在本次调研中,实际参与问卷填写的人员包括企业的高管、人事与财务部门负责人、基层管理人员以及新生代农民工。不同层次的被调研人员数量、需要填写的问卷类型要求如附表6-1所示。

附表6-1　调研对象选择

调研单位	填写内容	单位数量
高层管理人员	高管问卷	3人
人事与财务部门负责人	企业问卷	2人
一线员工/基层管理人员	农民工问卷	20—30人

注:高管问卷原则上由高管本人填写问卷并接受访谈;企业问卷由人事与财务部门各1名负责人共同填写;农民工问卷主要由一线员工填写,少量由基层管理人员填写。大型企业填写员工问卷的人数可增至40人左右,小型企业填写员工问卷的人数可减至10人左右。

(三)调研实施过程

本次调研由顺德区民政和人力资源社会保障局委托华南师范大学、

顺德区人力资源协会共同完成。为保证调研工作的顺利进行，分别成立领导小组与 3 个调研小组。领导小组由华南师范大学谌新民教授负责，实施本次调研的指挥与协调，解决调研中的各类预见外的问题。调研小组由华南师范大学的师生、顺德区人力资源协会的工作人员组成，负责发放问卷、组织问卷填写与回收。

在实施调研前，华南师范大学课题组组织了参与调研人员的培训，明确了调研目的、调研内容、调研对象、实施流程、任务分工及人员安排、员工抽样要求以及注意事项等内容。调研采取分街镇、三方人员联合集中进行的方式。在对每个镇街进行调研时，首先由顺德区民政和人力资源社会保障局负责同志联系各街镇相关部门负责人，具体说明本次调研的基本情况，并由各街镇向辖区内参与调研的企业下发调研公函，确定企业相关负责人集中座谈的具体安排。华南师范大学和顺德区人力资源协会相关人员共同参加与企业负责人的座谈会，就调研事项进行沟通，动员被抽样企业配合调研，并负责同调研企业相关负责人联系，确定到企业调研的具体时间以及协调调研活动现场组织事宜。

本次调研活动从 2015 年 8 月 5 日开始至 2015 年 8 月 28 日结束，前后共持续了 24 天。调研中大部分企业积极配合，按照调研的具体要求抽调人员参与调研。一般情况下，每份问卷填写时间在 30 分钟左右。为了提高问卷填写的真实性、准确性，调研人员在现场对问卷进行统一说明与解释，并随时回答个别农民工提出的问题。

调研活动结束后，课题组对所收集的全部问卷进行集中整理，按街镇将问卷归类，在档案袋上标明企业信息，并统计回收的各类问卷数量，排查出未交齐企业和高管问卷的企业，以便进行集中处理和后期回收。经初步汇总，确认接受调研的企业总数为 162 家，回收企业问卷 151 份、高管问卷 421 份、新生代农民工问卷 2405 份。

（四）数据录入与复核处理

在对数据录入前，首先对问卷不同题项确定了具体编码方法，对特殊题型如多选题、排序题、填空题等的录入方式进行了统一。通过数据录入发现，尽管部分问卷存在填写不完整，甚至出现较多空白、填写不清楚的现象。但多数人员都能完整、认真填写问卷。为了保证录入质量，工作人员还对全部数据进行了复核。

（五）数据质量控制与检验

利用 SPSSS 22.0 对参与企业与未参与企业进行 z 检验或卡方检验，结果表明，参与企业与未参与企业在所有权、行业、性质、规模、生产方式方面不存在显著的差异。因此，可以认为调研过程中的无应答偏差可以忽略。

在设计问卷时，详细说明了调研的目的。对于测评项目的表述尽量客观，为防止诱导性用语的出现，问卷定稿之前进行了实践领域专家咨询与预测试。通过以上程序控制，可以在一定程度上减少共同方法偏差。但由于问卷部分题目采用 5 级 Likert 量表测量被调研者的主观评价，并且同一被调研者独立填写一份完整的问卷。因此，调查问卷仍然可能存在共同方法偏差问题。我们综合采用了两种方法进行共同方法偏差的检验：Harman 单因子法与偏相关系数法。根据以上两种方法的检验结果，可以认为本次调研的共同方法偏差并不显著，能够进行下一步的数据分析。

三、顺德区新生代农民工劳动关系现状

本部分利用统计分析软件对来自 162 家企业的 151 份企业问卷、421 份高管问卷、4542 份员工问卷进行了综合、对比分析。通过数据分析结果，可以帮助了解顺德区劳动关系基本现状以及不同主体包括人事与财

务部门负责人、高管、基层管理人员、一线员工等对劳动关系现状以及调处机制的认知。

（一）顺德区样本企业劳动关系基本状况

1. 劳动力供求与流失状况

在 147 家有效样本企业中，37 家企业存在劳动力供给不足，98 家企业劳动力供求基本平衡，12 家企业劳动力供求存在结构性矛盾，占比分别为 25.2%、66.7%、8.1%。附图 6-1 所示是存在劳动力供给不足的企业的劳动力短缺状况。劳动力短缺人数大致占员工总数的比例最小为 1%，最高达到 30%，劳动力短缺时间最短持续 1 个月，最长持续 12 个月。

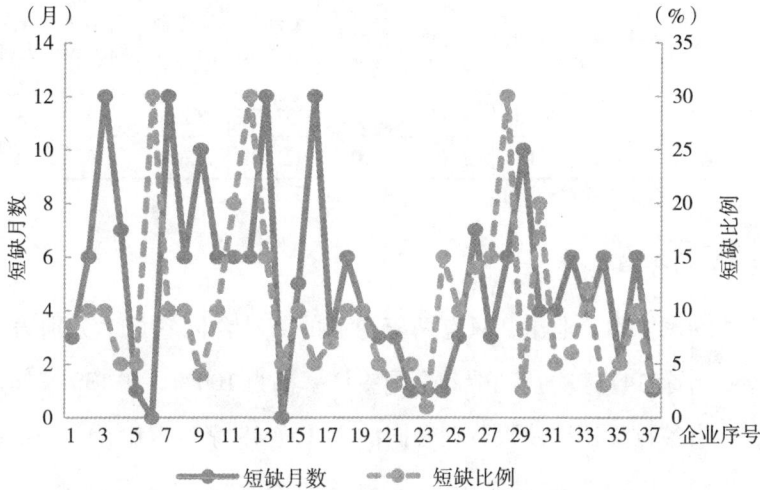

附图 6-1 劳动力短缺状况

附表 6-1 为有效样本企业的员工流失状况。由附表 6-1 可知，与一线员工流失数量相比，核心员工流失数量保持在较低水平，企业之间的差异较小。

根据员工问卷相关题目的分析，可以得到如附表 6-2 所示按照重要性排序的影响员工辞职的具体因素。影响员工辞职的因素是多样的,最重要的影响因素主要集中在薪酬与福利待遇、个人与企业的发展前景等几个方面。

附表 6-2　员工流失状况

	N	最小值	最大值	平均数	中位数	众数	标准差
核心员工流失数量	140	0	63	4.23	1.75	0	7.77
一线员工流失数量	143	0	132	17.64	10.5	10	20.15

注:员工流失数量由调研企业根据 2014 年度数据填报,N 为有效样本企业数。

附表 6-2　影响新生代农民工辞职的因素(按照重要性排序)

	福利差	工资低	没有个人发展空间	企业发展前景不好	劳动强度太大	工作时间太长	无法学到本事	管理不人性化
有效员工数量	3554	3686	3516	3352	3367	3384	3452	3408
平均分值	2.16	2.15	2.12	2.09	2.08	2.06	2.03	2.02

2. 劳动合同签订

在 149 家样本企业中,只有两家企业的劳动合同签订率分别为 90% 和 98%,其余 147 家企业的劳动合同签订率都为 100%。在 139 家样本企业中,没有签订无固定期限劳动合同的企业为 48 家,占比 34.5%;签订无固定期限劳动合同的人数在 10 人以下的企业为 27 家,占比 19.4%。148 家企业回答了关于劳动合同签订方式的题目,如附图 6-2 所示。其中,按照规范合同文本签订劳动合同的企业为 112 家,占比约 75.68%;采取企业与劳动者协商签订劳动合同的企业 21 家,占比约 14.19%;而企业单方拟定和工会指导劳动者签订劳动合同的企业 14 家,占比约 9.46%。

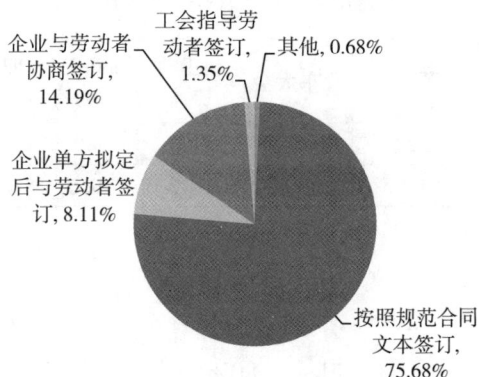

工会指导劳
动者签订,
1.35%

其他,0.68%

企业与劳动者
协商签订,
14.19%

企业单方拟定
后与劳动者签
订,8.11%

按照规范合同
文本签订,
75.68%

附图 6-2　劳动合同签订方式

在 134 家有效样本企业中，提前终止或解除劳动合同数量在 10 件以下的企业有 103 家，占比 76.9%。而提前终止或解除劳动合同的原因主要包括劳动力饱和、公司面临危机、员工绩效达不到考核要求，员工工资待遇要求过高、员工违反纪律等。其中，员工绩效达不到考核要求、员工违反纪律是主要原因。在 146 家有效样本企业中，分别有 100 家、109 家企业由于员工绩效达不到考核要求或员工违反纪律而提前终止或解除劳动合同，占比分别为 68.5、74.7%。而由于其他原因提前终止或解除劳动合同的企业比例均在 20% 以下。

3. 薪酬福利与文娱设施

调研数据显示，99.98% 的员工的工资高于 2015 年《广东省人民政府关于调整我省企业职工最低工资标准的通知》规定的佛山市月最低工资标准 1510 元。74.3% 的新生代农民工的工资水平在 2000—4000 元之间，2000 元以下和 4000 元以上的员工比例分别为 11.9% 和 13.8%，员工每月实收工资的平均值为 3260.5 元。通过调研数据还可以发现，新生代农民工工资增长主要由资方决定，如附表 6-4 所示。在 126 家有效样本企业中，由资方以不同方式决定的企业有 90 家，占比为 71.6%；以不同民主协商方式决定工资增长的企业有 26 家，占比为 20.5%。

附表 6-4　工资增长的决定方式

	老板	董事会	股东大会	和工会协商	和职工代表协商	职工代表大会	其他
企业数	60	22	8	13	12	1	10
占比（%）	47.7	17.6	6.3	10.3	9.5	0.7	7.9

注：有效样本企业数为 126。

在高温补贴的发放方面，144 家有效样本企业中的 121 家企业执行了高温补贴政策，占比 84%。其中，80% 的企业按照广东省《关于高温津贴发放的管理办法》中规定的 150 元标准以上发放高温补贴。

调研数据显示，142 家有效样本企业中，138 家企业向员工提供包括图书馆或阅览室、运动场、健身房、娱乐室等在内的文体娱乐设施，占比 97%。其中，89 家企业提供 2 项以上的文体娱乐设施。在 132 家有效样本企业中，仅有 2 家企业没有举办过各种业余文化娱乐活动，占比 1.5%。

4. 社会保障状况

在 149 家样本企业中，分别有 147、147、143、147、142 家企业为员工提供了养老保险、医疗保险、失业保险、工伤保险、生育保险，占比分别为 98.7%、98.7%、96.0%、98.7%、95.3%。提供住房公积金的企业只有 41 家，占比 27.5%。

5. 劳动安全、卫生保护和劳动强度

附表 6-5　工伤事故发生的基本情况

	工伤事故次数（N=144）				伤亡人数（N=120）		
	0	1—5	6—9	10 以上	0	1—2	3 人以上
企业数	31	49	19	45	108	11	1
占比（%）	21.5	34.0	13.2	31.3	90	9.2	0.8

注：N 为有效样本企业数。

由附表 6-5 可知，在 144 家样本企业中，发生过工伤事故的企业有

113 家，占比 78.5%。并且，在 108 家样本企业中，有 12 家企业曾经发生过死亡人数在 1 人以上的重大或特大伤亡事故，占比 10%。

附表6-6 劳动安全卫生保护状况

	劳动生产安全设施	安全隐患定期检测与清查制度	安全生产方面的培训	职业病预防	签订女职工权益保护专项合同
有效样本企业数	144	150	149	147	144
肯定回答企业数	143	147	147	140	37
占比（%）	99.3	98	98.7	95.2	25.7

注：样本企业劳动安全卫生保护投入总费用均值是 608537 元。

在安全卫生保护方面，多数企业都配置了劳动生产安全设施，建立了安全隐患定期检测与清查制度，开展了职业病预防与安全生产方面的培训，样本企业 2014 年劳动安全卫生保护投入总费用均值是 608537 元，如附表 6-6 所示。但是，多数企业对女职工权益保护的重视程度不强。在 144 家有效样本企业中，仅有 37 家即 25.7%的企业签定了女职工权益保护专项合同。

附表 6-7 给出了企业工作时间执行情况，可以看出，样本企业员工平均每天上班 8 个小时，大多数公司员工每天工作 8.2 个小时，说明员工平时加班的现象比较普遍。每周平均工作 5.71 天，大多数员工平均每周工作 6 天，至少有一天的休息日。

附表6-7 工作时间执行情况

统计指标	N	极小值	极大值	均值	中值	众数	标准差
每周工作天数	138	5	7	5.71	6	6	0.463
每天工作时间（小时）	133	6	12	8	8	8.2	0.800

注：N 为有效样本企业数。

节假日执行情况，如附图6-3所示。在145家有效样本企业中，有103家按国家规定的情况执行，占比71.0%；38家企业有节假日，但有时加班，占比26.2%；4家企业有节假日，但通常要加班，占比2.8%。

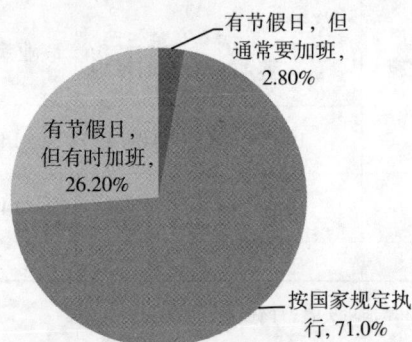

附图6-3　企业节假日执行情况

6. 新生代农民工发展和民主管理

在151家有效样本企业中，147家企业开展过培训活动，占比97.4%。其中，企业培训对象的覆盖范围如附图6-4所示。90家企业的培训对象覆盖全体员工，占比61.3%；49家企业的培训对象覆盖大部分员工，占比33.3%；8家企业的培训对象仅面向少部分员工，占比5.5%。

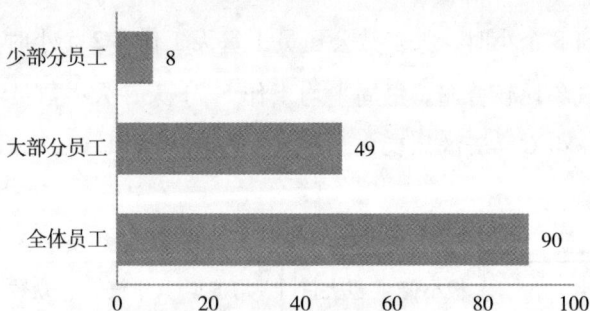

附图6-4　培训对象

在148家有效样本企业中，给予员工很多职业发展机会的企业有14家，占比9.5%；给予员工发展机会较多的企业有110家，占比74.3%；

给予员工发展机会不多的企业有 21 家，占比 14.2%；给予员工发展机会较少的企业有 3 家，占比 2%。在 146 家有效样本企业中，以员工的能力和业绩作为员工晋升和发展依据的企业有 145 家，占比 99.3%；以人际关系作为员工晋升和发展依据的企业有 1 家，占比 0.7%。

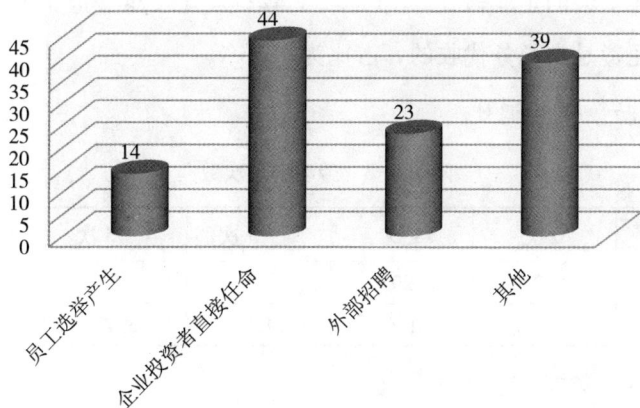

附图 6-5 选拔基层、中层管理者的主要方式

在选拔企业基层和中层管理的方式上，120 家企业回答了相关问题。其中，14 家企业通过员工选举产生，占比 11.7%；44 家企业通过投资者直接任命，占比 29.1%；23 家企业通过外部招聘产生，占比 19.2%；39 家企业通过其他方式产生，占比 25.8%。这说明选拔企业基层和中层管理的方式以企业投资者任命和外部招聘为主，而通过员工选举产生管理者的较少。其中，企业投资者任命管理者所占的比重最大。

在 144 家有效样本企业中，召开过职工代表大会的企业有 117 家，占比为 81.3%。在 121 家有效样本企业中，建立了集体协商制度的企业有 58 家，占比为 47.9%。

7. 工会组建情况

截至 2015 年年底，顺德区共有基层工会 2532 家（含村居工联会 203 家），涵盖单位 28010 家，建会率 96.63%。其中规模以上企业工会组建率100%，25人以下小微企业覆盖率95%。工会会员926199人，入会率87.4%。在本次调研中，共有32家没有组建工会的企业。在这些企业中，大多数对是否准备组建工会的态度不明朗或者不准备组建工会，准备组建工会的企业占比32.4%，没有准备组建工会的企业占比20.6%，不确定是否组建工会的企业占比47.1%。在121家有效样本企业中，86家企业的工会经费是由税务代收的，占比为72.3%。

8. 劳动争议及调处

附表6-8　劳动争议次数

	0次	1次	2—3次	4—5次	5次以上
企业数	72	29	20	5	8
占比（%）	53.73	21.64	14.93	3.73	5.97

注：有效样本企业数为134。

2014年度调研企业劳动争议发生的基本情况如附表6-8所示。由附表6-8可以看出，在134家有效样本企业中，有72家企业没有出现劳动争议，占比为53.73%；但仍然有高达46.7%的企业发生过劳动争议，并且有5.97%的企业发生过5次以上的劳动争议。值得注意的是，在127家有效样本企业中，有9家企业在近三年发生过群体性停工事件。劳动争议主要涉及劳动报酬、劳动合同、社会保险等几个方面。在120个有效样本企业中，47家企业发生过劳动报酬争议，31家企业发生过劳动合同争议，19家企业发生过社会保险争议，占比分别为35.88%、23.66%、14.51%，另有34家企业发生过其他类型的争议事件，占比25.95%。

2012—2014年度，调研企业集体劳动争议发生的情况如附表6-9所示。近几年，发生过劳动争议的企业占比维持在一个较低的水平。特别是在2014年，无论是集体争议发生的次数还是涉及的企业数都明显降低。劳动争议涉及人数如附表6-10所示。大多数劳动争议涉及人数在10人以下，发生过涉及10人以上集体劳动争议事件的企业有4个，占比8%。

劳动争议持续时间如附图 6-6 所示。在 37 家有效样本企业中，劳动争议大约持续 1 天的企业有 22 家，占比 59.5%；劳动争议大约持续 3 天的企业有 8 家，占比 21.6%；劳动争议大约持续 5 天以上的企业有 7 家，占比 18.9%。总体上说，顺德区劳动争议事件的特点是规模小（主要以 10 人以下的小规模事件为主）、持续时间短（1—3 天为主，占比 81.1%）。但每年仍有少量集体劳动争议事件发生，需要引起相关部门的注意。

附表 6-9　集体劳动争议发生情况

	2012 年	2013 年	2014 年
有效样本企业数	106	104	102
发生过集体劳动争议的企业数	18	18	12
集体劳动争议发生的总次数	22	25	19
发生集体劳动争议的企业占比（%）	16.98	17.31	11.76

附表 6-10　劳动争议涉及人数

	1 人	1—9 人	10—29 人	30 人以上
企业数	25	21	2	2
占比（%）	50	42	4	4

注：有效样本企业数为 50。

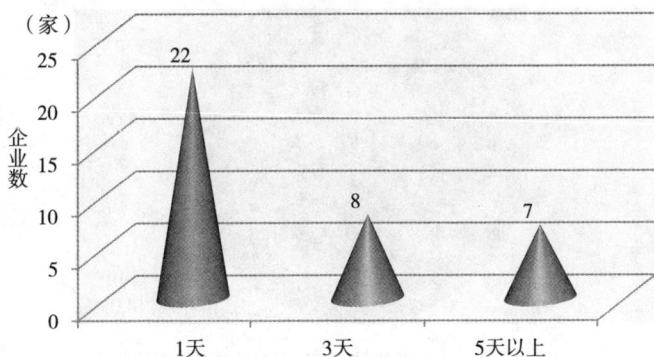

附图 6-6　劳动争议持续时间

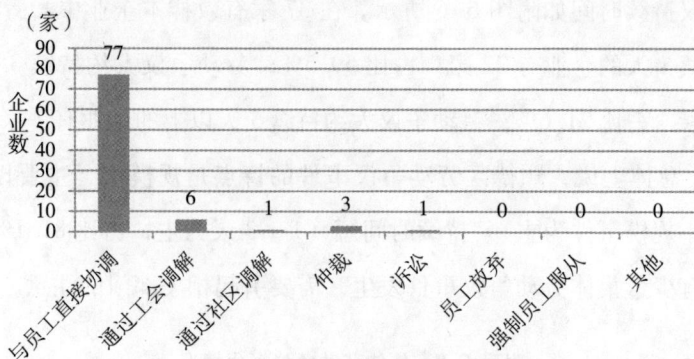

附图6-7 公司劳动争议的主要解决方式

在处理劳动争议的问题上,大多数公司都选择了与员工直接协商解决的方式,如附图6-7所示。在88个有效样本企业中,主要通过与员工直接协调解决劳动争议的企业有77家,占比87.5%;通过与工会协商解决的企业有6家,占比6.8%;通过社区调解解决的企业有1家,占比1.1%;通过仲裁解决的企业有3家,占比3.4%;通过诉讼解决的企业有1家,占比1.1%。以上数据说明,企业在处理劳动争议时,倾向于选择与员工直接协调的解决方式。因此,很多企业都成立了专门的机构用于调解劳动争议。在144个有效样本企业中,有77家成立了劳动争议调解

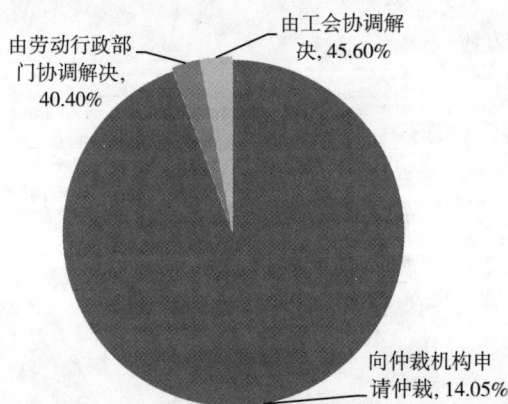

附图6-8 三年内集体劳动争议的主要解决方式

委员会或其他专门机构。而对于集体劳动争议，企业多数选择由工会或者其他第三方机构协调解决的方式。

对于三年内集体劳动争议的主要解决方式，如附图 6-8 所示。在 57 家有效样本企业中，选择由工会协调解决的企业有 26 家，占比 45.6%；选择由劳动行政部门协调解决的企业有 23 家，占比 40.4%；选择向仲裁机构申请仲裁的企业有 8 家，占比 14.0%。

（二）顺德企业主体对于新生代农民工劳动关系的认知

如附表 6-1 所示，本次调查使用的企业、高管、员工问卷分别由人事与财务部门负责人、高管、基层管理人员与一线新生代农民工填写。在这 3 类调查问卷中，不仅设置了一些关于劳动关系客观现状的题目，同时还设置了大量对于劳动关系主观认知的题目。通过对这些题目回答情况的分析，可以了解人事与财务部门负责人、高管、基层管理人员、新生代农民工群体对于劳动关系现状以及调处机制认知的异同。

1. 新生代农民工挽留

在高管问卷中，设置了如何挽留员工的相关题目。419 位高管给出了企业如何留住核心员工的方法，按统计比例高低依次为事业（56.3%）、高薪（49.2%）、感情（33.2%）、福利（27%）、股权期权（19.8%）。420 位高管给出了企业如何留住新生代农民工群体的方法，按统计比例高低依次为完善的生活配套设施（48.3%）、高薪（32.6%）、高福利（29.5%）、感情（26.9%）、事业（26.4%）、帮助解决家庭问题（16.7%）。总体上来说，高管普遍认为应该采用不同的方法挽留核心员工与一般员工。对于核心员工，应该主要通过为个人提供良好的事业发展机遇、较高的福利报酬、人性化管理以及企业自身的发展进行挽留。而对于一般员工，则主要应该通过提高福利待遇、人性化管理、提供个人发展机遇等进行挽留。

值得注意的是，企业应当重视提供学习机会对挽留员工的作用。如附图6-9所示，如果企业能不断提供学习实用知识和技能的机会，55.9%的员工会选择长时间留在企业，视情况而定的员工比例为37.3%，而明确表示不会长时间留在企业或学到一定本事后跳槽的员工比例仅为6.8%。可以看出，学习机会对于挽留员工具有重要作用。

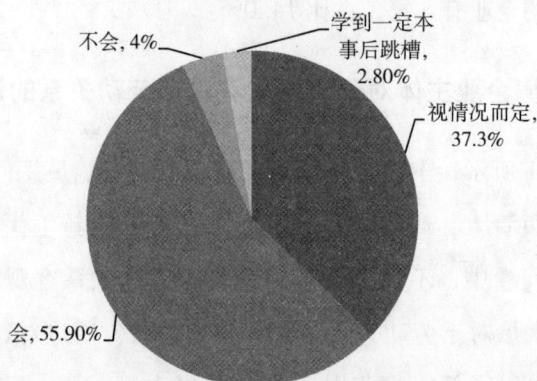

附图6-9　在企业提供学习机会的情况下，员工对是否长期留在企业的选择

2. 新生代农民工劳动合同

通过对高管问卷的分析可以发现，企业高管普遍认为应该和企业员工签订劳动合同。回答了相关题目的413位高管都认为企业应该和员工签订劳动合同。而对于不同类型的员工应该签订的合同期限，企业高管的回答表现出显著的差异，如附图6-10所示。在412位高管中，有266位认为应该与核心员工签订3年以上或无固定期限劳动合同，占比64.56%；在411位高管中，有368位认为应该与新生代农民工签订3年以下的中短期合同，占比89.54%。

针对是否需要签订集体劳动合同的问题，企业与高管的认知存在较大差异，如附表6-11所示。在151家企业中，有71家认为有必要签订集体劳动合同，占比47.0%；有34家认为没有必要签订集体劳动合同，占比22.5%；另有46家企业对于是否签订集体劳动合同态度不明确，占比

30.5%。在 421 位高管中，有 180 位认为有必要签订集体劳动合同，占比 42.8%；有 224 位认为没有必要签订集体劳动合同，占比 53.2%；另有 17 位高管对于是否签订集体劳动合同态度不明确，占比 4.0%。

表 6-11　企业与高管关于是否需要签订集体劳动合同的观点

	有效样本单位数	有必要	没有必要	无法确定
企业数量	151	71	34	46
占比（%）	100	47.0	22.5	30.5
高管数量	421	180	224	17
占比（%）	100	42.8	53.2	4.0

由此可见，企业与高管对于是否需要签订集体劳动合同的问题给出了具有较大差异的回答。与企业代表相比，高管的态度更加明确，并且更加倾向于没有必要签订集体劳动合同。根据员工问卷的分析表明，员工对集体劳动合同比较陌生，如附图 6-11 所示。在 4367 位员工中，对集体劳动合同了解或了解一些的仅有 1980 位，占比 44.61%；而对集体劳动合同不太了解或根本没有听过的员工有 2458 位，占比 55.39%。由于集体劳动合同主要由企业、工会和员工代表进行签订，一般员工并未直接参与相关过程，客观上导致了一般员工对劳动集体合同的了解程度偏低。

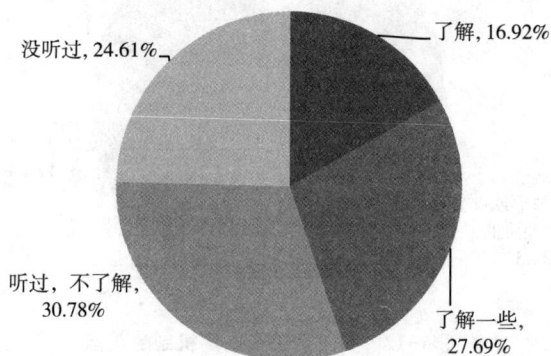

附图 6-11　新生代农民工对集体合同的了解状况

总体来说，不仅集体劳动合同的实际签订率偏低，企业与高管对于集体劳动合同的重视程度不高。并且，多数员工根本不了解、甚至没有听说过集体劳动合同。

3. 薪酬福利

根据对员工问卷的分析可以发现，多数新生代农民工群体认为工资增长主要由资方决定，但仍有一定比例的员工认为工资通过各种协商方式决定。如附图6-12所示，在4192位员工中，1437位认为工资由个人与老板、人力资源部或部门经理协商决定，占比34.3%；833位认为工资由老板决定，占比19.9%；756位认为工资由人力资源部决定，占比17.9%；469位认为工资由部门经理决定，占比11.2%；221位认为工资由工会与企业集体协商决定，占比5.3%；476位认为工资由其他方式决定，占比11.4%。总体上来看，认为工资主要由老板、人力资源部、部门经理决定的员工占多数，合计占比49%。但是，认为工资是由个人或者工会与企业协商决定的员工比例仍然达到39.8%。显然，这一结果与根据企业问卷分析的结果存在较大差异。

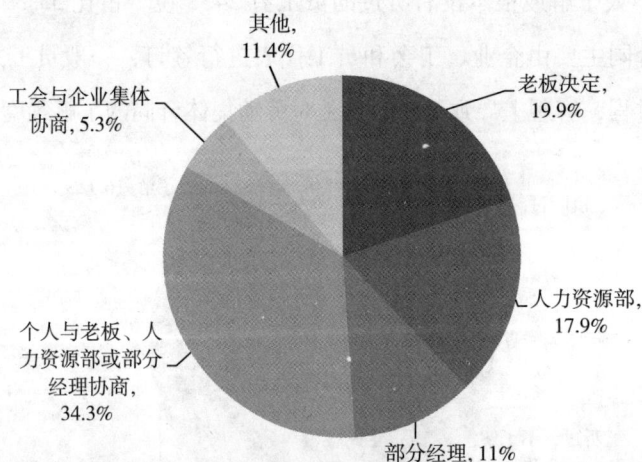

附图6-12 员工对工资决定机制的观点

通过对高管问卷的分析可以发现，高管对于何种工资决定机制比较合适的问题存在不同观点，如附图 6-13 所示。在 402 位高管中，194 位认为应该对核心员工工资实行个别协商，而一般新生代农民工工资由企业单边决定，占比 48.3%；124 位认为应该对核心员工工资实行个别协商，而一般员工工资实行集体协商，占比 30.8%；其他分别有 42、25、17 位高管认为应该实行集体协商、企业单边决定、个别协商的工资决定机制。可见，多数高管认为应该区分核心员工与一般员工，实行不同的工资决定机制。

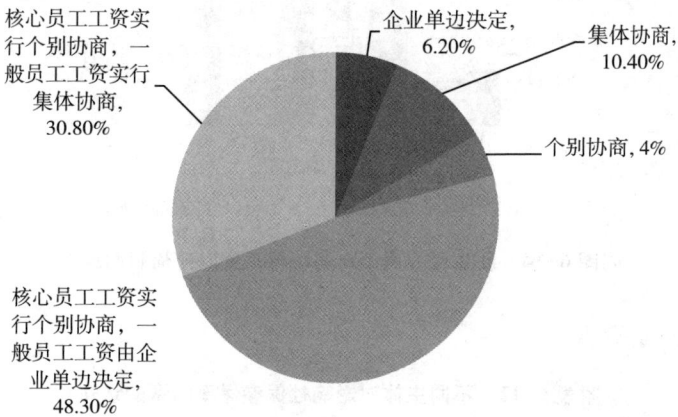

附图 6-13　高管关于企业工资决定机制的观点

合理的薪酬及福利待遇是构建和谐劳动关系的基础，因此，新生代农民工对于薪酬及福利待遇的满意度是反映劳动关系现状的重要指标。附图 6-14 所示为新生代农民工对薪酬及工资以外的福利满意度。在 4410 位员工中，对薪酬很不满意与不满意的有 1885 位，占比 42.7%，对薪酬比较满意与非常满意的有 957 位，占比 21.7%，对薪酬满意度一般水平的有 1568 位，占比 35.6%。在 4378 位员工中，对工资以外的福利很不满意与不满意的有 1776 位，占比 40.5%；对工资以外的福利比较满意与非常满意的有 916 位，占比 21.0%；对薪酬满意度一般水平的有 1686 位，占比 38.5%。从总体来看，员工对薪酬及工资以外福利不满意度远高于满意度，满意度水平处于比较低的状态。

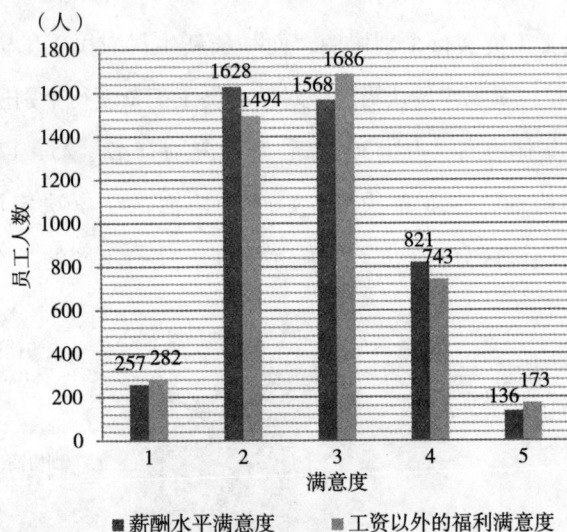

附图 6-14　新生代农民工对薪酬与工资以外福利满意度

4. 社会保障

附表 6-12　不同主体对影响社保参保率因素的认知

		老板态度	企业业绩	当地政府的监管力度	同行比较	劳动者或工会的议价能力	其他
企业	数量	54	52	30	22	11	60
	占比（%）	35.8	34.5	19.9	14.6	7.3	39.7
		企业用工成本	企业利润	当地政府的监管力度	同行比较	劳动者或工会的议价能力	其他
高管	数量	260	109	158	73	42	79
	占比（%）	61.8	25.9	37.5	17.3	10.0	18.8
		降低实际到手工资	变换工作后转移麻烦	与农村或城镇居民保险冲突	没想在城市里长期工作下去	没去想今后养老的事情	其他
员工	数量	695	675	293	286	199	326
	占比（%）	15.3	14.9	6.5	6.3	4.4	7.2

由上文分析可知，尽管多数企业都向新生代农民工提供了各类社会保险，但仍有少数企业未能履行相关法律责任。附表6-12从企业、高管、员工的视角分析了影响社保参保率的因素。由附表6-12可知，影响社保参保率的因素涉及政府、企业与员工等各方面的因素。从企业角度来说，老板态度、企业业绩、当地政府的监管力度是影响社保参保率的主要因素。从高管角度来说，企业用工成本、当地政府的监管力度、企业利润是影响社保参保率的主要因素。从员工角度来说，降低实际到手工资、变换工作后转移麻烦是影响社保参保率的主要因素。

5. 劳动安全、卫生保护和劳动强度

劳动安全和卫生保护关系到职工的身体健康、生命安全，是劳动争议产生的一个重要因素。企业员工对劳动安全和卫生保护的满意度可以为企业、政府了解劳动安全和卫生保护执行情况提供参考。附图6-15为企业员工对工作强度、劳动环境、生产安全的满意度。在4420位员工中，有2359位对劳动强度满意度处于一般水平，占比53.4%；有1127位对劳

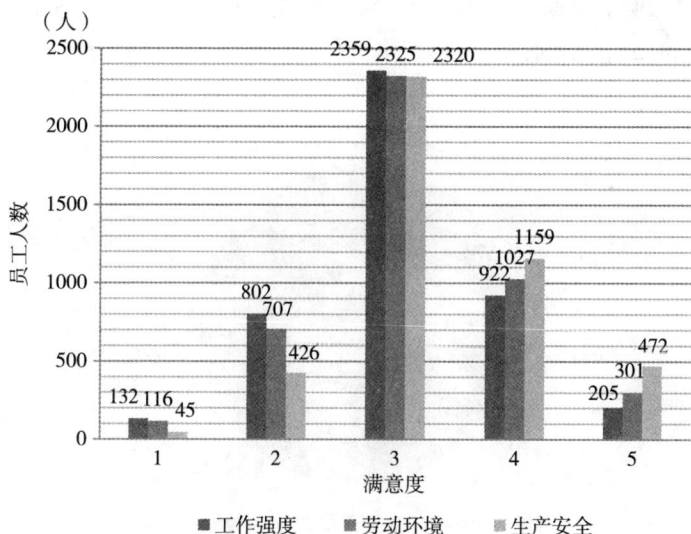

附图6-15 员工对劳动保障的满意度

动强度非常或比较满意，占比 25.5%；有 934 位对劳动强度不满意或很不满意，占比 21.1%。在 4476 位员工中，有 2325 位对劳动环境满意度处于一般水平，占比 51.9%；有 1328 位对劳动环境非常或比较满意，占比 29.7%；有 823 位对劳动环境不满意或很不满意，占比 18.4%。在 4422 位员工中，有 2320 位对生产安全满意度处于一般水平，占比 52.5%；有 1631 位对生产安全非常或比较满意，占比 36.9%；有 471 位对生产安全不满意或很不满意，占比 10.6%。综合来看，多数员工对工作强度、劳动环境、生产安全的满意度处于一般水平，不满意或满意的员工数量都较少。与劳动强度和劳动环境相比，员工对生产安全非常或比较满意的比例较高，不满意或很不满意的比例较低。

6. 员工发展与民主管理

根据对高管问卷的分析可以发现，大多数高管在是否应该对核心员工进行培训或教育的认识基本一致。在 414 位高管中，411 位都认为对核心员工进行培训或教育是非常或有些必要的，占比 97.6%；另有 3 位高管则没有明确表达意见，占比 2.4%。在培训效果方面，根据企业问卷可以得到如附图 6-16 所示的结果。

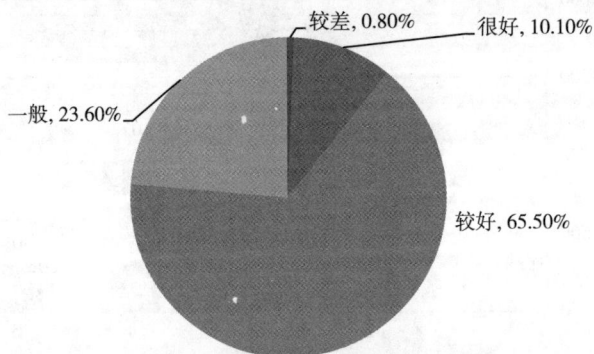

附图 6-16　企业关于员工培训效果的观点

由附图 6-16 可知，在 148 家企业中，有 112 家认为对员工的培训效果很好或者较好，占比 75.6%；有 35 家认为对员工的培训效果一般，占比 23.6%；仅有 1 家认为对员工的培训效果较差，占比 0.8%。

根据对企业问卷的分析可知，很多企业通过召开职工代表大会等方式实施员工参与管理。根据员工问卷，可以得到如附图 6-17 所示员工对于参与管理认知的结果。在 4382 位员工中，有 3633 位认为合理化建议被部分采纳，占比 82.9%；有 343 位认为合理化建议被全部采纳，占比 7.8%；另有 406 位则认为合理化建议不会被采纳，占比 9.3%。在 4413 位员工中，有 2396 位认为在工作中有一些自主权，占比 54.3%；有 1446 位认为在工作中有较多自主权，占比 32.8%；另有 571 位则认为在工作中没有自主权。

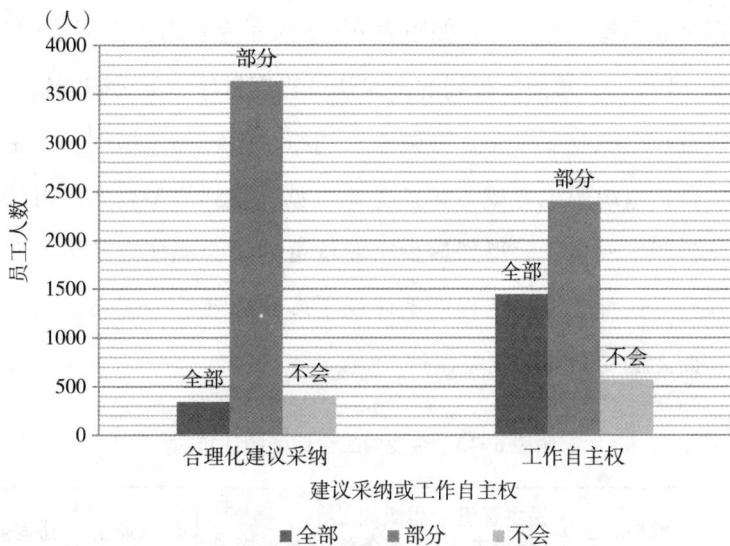

附图 6-17 员工参与管理情况

对于员工参与管理的作用，可以根据高管问卷得到如附图 6-18 所示的结果。在 415 位高管中，有 401 位认为员工参与管理非常有用或有些作用，占比 96.7%；有 5 位高管认为员工参与管理没有作用，占比 1.2%；

另有 9 位高管没有明确表达意见，占比 2.1%。

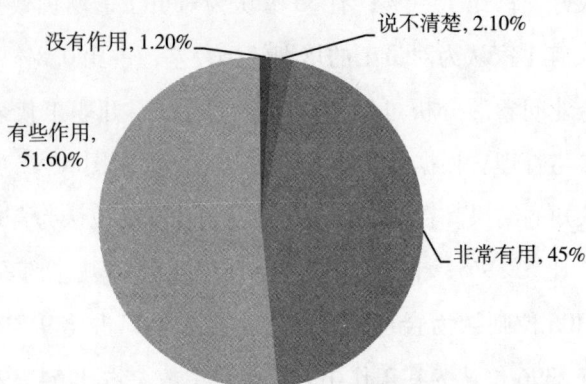

附图 6-18　高管关于员工参与企业管理是否有用的观点

7. 工会职能

根据企业问卷，可以得到如附表 6-13 所示企业对工会职能的认知。由附表 6-13 可知，按照所得到的企业认可程度排序，工会职能依次是维护职工权益、组织业余活动、协调劳资纠纷、组织员工培训、民主管理和民主监督，组织职工完成各种任务。可见，得到最多企业认可的工会职能是维护职工权益，而得到最少企业认可的工会职能则是组织职工完成各种任务。这种结果一定程度上体现了多数企业认为工会主要代表员工利益，而无法与企业的利益保持一致。

附表 6-13　企业对工会职能的认知

	维护职工权益	民主管理和民主监督	组织职工完成各种任务	员工培训	组织业余活动	协调劳资纠纷
企业数量	117	81	62	87	106	98
占比（%）	77.5	53.6	41.1	57.6	70.2	64.9

而根据高管问卷的分析可知，多数高管认为工会对企业的运行有正

面影响或有利于企业的经营管理，如附图 6-19 所示。

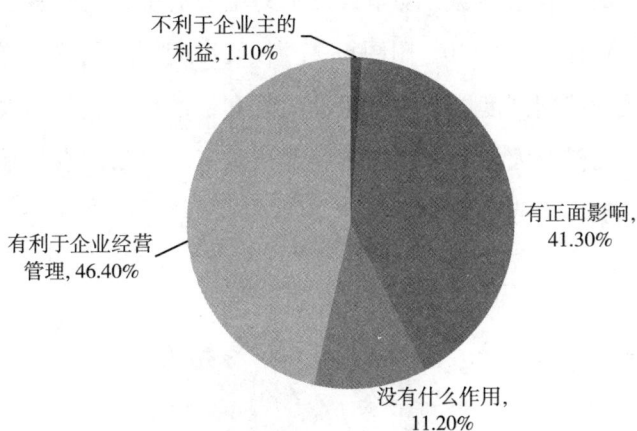

附图 6-19　高管对工会作用的观点

在 349 位高管中，有 306 位认为工会对企业的运行有正面影响，或者有利于企业经营管理，占比 87.7%；而认为工会对企业的运行没有什么作用或者不利于企业主利益的高管仅有 43 位，占比 12.3%。显然，高管的认知与企业存在较大不同。

8. 劳动争议及调处

附表 6-14　高管对发生劳动争议的主要原因的认知

	员工要求过高	员工对企业缺乏归属感	政府过于偏袒劳动者	社会舆论导向	员工素质太低	企业主素质不高	企业管理不完善	其他
高管数量	159	201	94	131	79	20	204	8
占比(%)	37.8	47.7	22.3	31.1	18.8	4.8	48.5	1.9

根据对高管问卷的分析，可以得到如附表 6-14 所示高管关于劳动争议发生原因的认知。可以发现，多数高管认为劳动争议发生的原因主要集中在企业管理不完善、员工对企业缺乏归属感、员工要求过高等几个

方面。因此，根据多数高管的认知，加强企业管理、有效引导员工的合理要求应该成为有效预防劳动争议发生的主要措施，这与多数企业的认知是一致的。如附图 6-20、附图 6-21 所示，分别为企业关于预防劳动争议发生、集体谈判制度能否促进劳动关系和谐的认知。可以发现，绝大多数企业认为健全人力资源管理制度是预防劳动争议的有效措施，集体谈判制度能够促进劳动关系和谐。

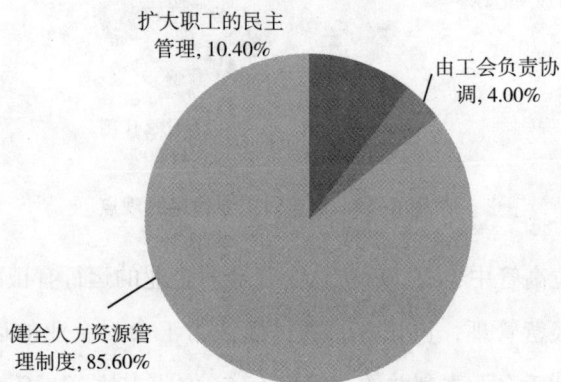

附图 6-20　企业关于预防劳动争议的观点

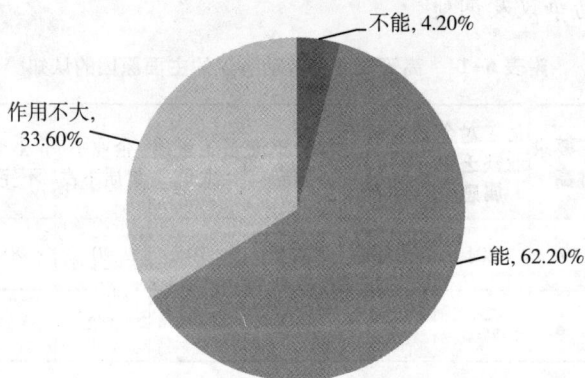

附图 6-21　企业关于集体谈判制度能否促进劳动关系和谐的观点

对于相关组织在和谐劳动关系构建中的作用大小，根据高管问卷的分析可以得到附表 6-15 所示的结果。可以看出，多数高管都认为 3 种组织有一些或较大帮助。并且，与工商联以及行业协会或商会相比，企业工会的作用得到更多高管的认可。工商联以及行业协会或商会具体以何种方式参与构建和谐劳动关系，可以根据企业问卷得到如附图 6-22 所示的结果。

附表 6-15　高管对于相关组织在和谐劳动关系构建中作用的认知

相关组织	有较大帮助	有一些帮助	没有帮助	说不清楚
工商联	68（16.5）	218（52.8）	54（13.1）	73（17.6）
行业协会或商会	53（12.8）	227（55.0）	75（18.2）	58（14.0）
企业工会	173（41.9）	185（44.8）	22（5.3）	32（8.0）

注：共有 413 位高管回答了相关题目，括号内数字为对应的比值。

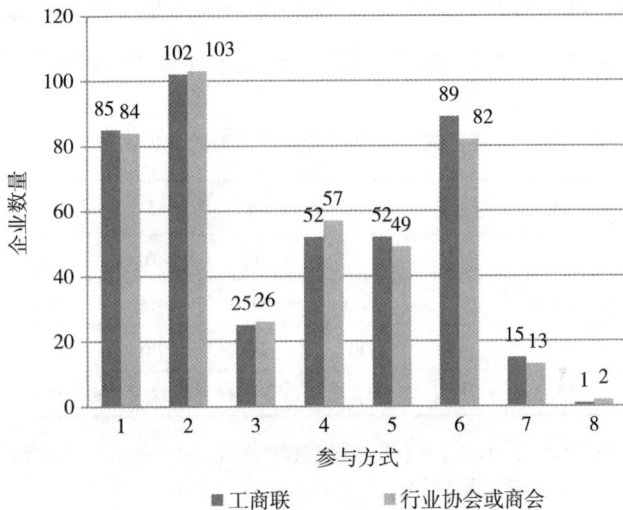

附图 6-22　企业对工商联及企业协会或商会参与构建和谐劳动关系的认知

注：1. 指导企业用工；2. 开展劳动相关的教育培训；3. 直接参与企业劳动关系相关的谈判；4. 代表企业帮助协调行政主管部门及工会等关系；5. 建立企业劳动关系评价体系；6. 引导企业完善内部管理制度，建设企业文化；7. 难以发挥作用；8. 其他。

可以看出，多数企业认为工商联以及行业协会或商会在构建和谐劳动关系的过程中发挥的作用是类似的，主要包括指导企业用工、开展教育培训并引导制度文化建设等。

附表 6-16　企业与高管关于三方参与协调机制在解决劳动纠纷中的作用的认知

作用评价		1	2	3	4	5	6
企业	数量	116	90	39	17	3	0
	占比（%）	76.8	59.6	25.8	11.3	2.0	0
高管	数量	297	224	115	34	9	1
	占比（%）	70.5	53.2	27.3	8.1	2.1	0.2

注：1. 对劳动关系中带普遍性、规律性或全局性的问题，提出解决问题的对策和意见；2. 依各自职责对劳动法律法规贯彻实施情况和群体性情况进行监督检查；3. 对企业签订集体合同进行指导；4. 难以发挥作用；5. 根本没有什么作用；6. 其他。

附表 6-16 为企业与高管关于三方参与协调机制在解决劳动纠纷中的作用的认知。可以看出，多数企业与高管的认知是类似的，都普遍认为三方机制具有提出对策和意见、监督检查和指导集体合同的作用。

附表 6-17　企业与高管关于构建和谐劳动关系的最大困难或问题的认知

		1	2	3	4	5	6	7
企业	数量	20	2	4	16	6	14	4
	占比(%)	13.2	1.3	2.6	10.6	4.0	9.3	2.7
高管	数量	157	71	96	164	96	122	12
	占比(%)	37.3	16.9	22.8	39.0	22.8	29.0	2.8

注：1. 法律法规不健全；2. 执法不严；3. 企业管理理念滞后；4. 企业管理制度不完善；5. 企业经营业绩较差；6. 员工要求较高；7. 其他。

由附表 6-17 可以看出，企业与高管关于构建和谐劳动关系的最大困难或问题的认知是类似的。企业与高管普遍认为和谐劳动关系构建存在的问题集中在法律法规不健全、员工要求高以及企业管理制度不完善三个方面。

根据对员工问卷的分析，有 8.7% 的员工在工作中与企业发生过劳动争议，有 91.3% 的员工没有经历过劳动争议。从经历劳动争议的占比看，似乎可以认为地区劳动关系比较好，但是不能忽略一个问题，劳动争议具有潜伏性的特点，可能劳资双方当期存在争议，由于还没有触犯到双方的利益界点，所以这一矛盾就隐藏下来，但当利益界点被触犯，可能会引发一连串的矛盾。对于已经出现的劳动纠纷，要认真分析出现的原因，积极寻找解决办法，并做好相应的预防工作，减少类似情况的出现。

关于劳动争议的处理，调研结果显示，44.0% 的员工选择向企业相关部门投诉，21.8% 的员工选择向当地劳动部门投诉，9.9% 的员工选择寻求工会帮助，而有 14.4% 的员工选择忍。这种状态说明，大部分员工已经有了维权意思，选择理性合理的方式处理劳动争议，存在 10% 以上的员工选择忍，说明有部分员工没有掌握合理处理劳动争议的方式，劳动争议有部分被隐藏。

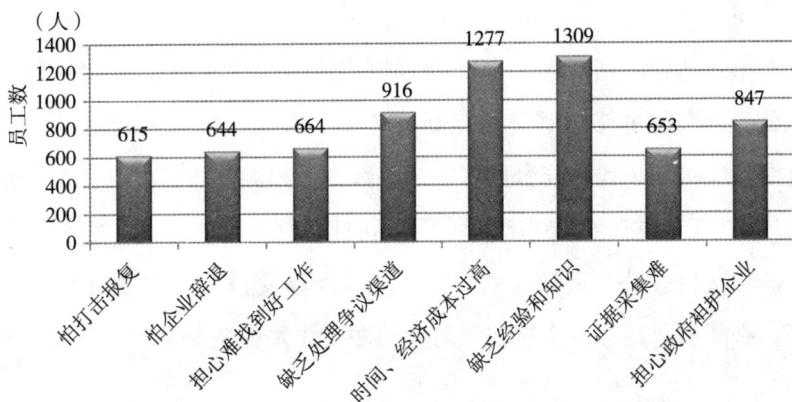

附图 6-23　员工关于争议处理不好原因选择分布状况

有关争议处理不好的原因选择中，员工普遍反映经验和知识不足以及处理争议的时间、经济成本过高，是阻碍争议有效处理的两个主要原因，这也可能是超过 10% 的员工在遇到争议时选择默默忍受的原因。

对于政府处理劳动争议方面，员工内心比较期待政府能够依法办事、及时受理投诉以及加强监督和管理。可见，在处理劳动争议方面，员工

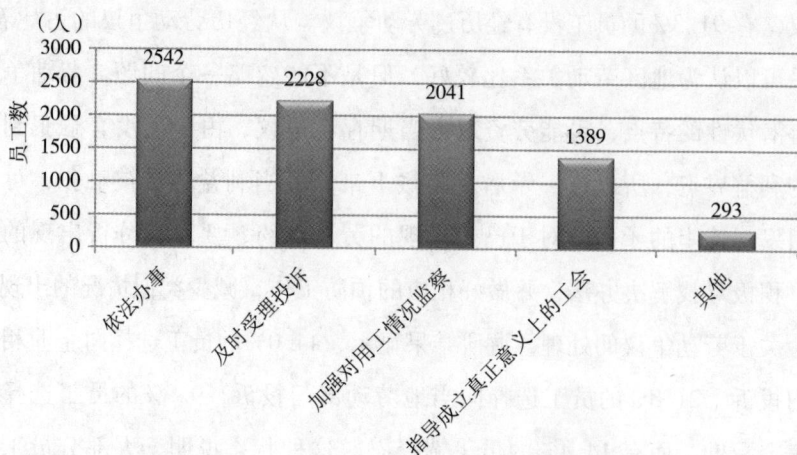

附图 6-24　员工对政府处理劳动争议建议分布状况

期待政府能有所作为，努力扮演好劳动关系中的协调者的角色。

四、顺德区新生代农民工劳动关系成就与主要问题

在第三部分的基础上，本部分对顺德区新生代农民工劳动关系的总体成就与存在的主要问题进行提炼。总体上来说，顺德区新生代农民工的合法权益得到了比较充分的保障。多数企业都能按照《劳动法》《劳动合同法》《工会法》的要求履行自己的责任。然而，依然有一些新生代农民工的合法权益没有得到有效保障，这些问题使得劳动关系存在潜在的风险，必须引起足够的重视以预防劳动冲突的大规模发生。

（一）顺德区劳动关系取得的主要成就

1. 劳动合同签订率高

根据企业问卷的分析可知，在 149 个有效样本企业中，平均每家企业的劳动合同签订率为 99.9%；根据新生代农民工问卷的分析可知，在 4484 位员工中，4364 位员工与企业签订了劳动合同，占比 97.3%。据人力资源与社会保障部发布的数据显示，截至 2014 年年底，全国企业劳动

合同签订率达到了88%。因此，与全国水平相比，顺德区企业劳动合同签订率处于一个较高的水平。

较高的劳动合同签订率可能与企业管理者较强的法律意识有关。通过对高管问卷的分析可以发现，所有回答了相关题目的413位高管都认为企业应该和员工签订劳动合同。这样一种认知，有利于提高实际劳动合同签订率。

2. 企业集体协商覆盖范围较广

顺德区委、区政府高度重视企业集体协商机制建设，顺德区总工会在2015年加强对新修订的《广东省企业集体合同条例》宣传贯彻实施工作，并对10个镇（街道）的骨干企业进行了相关业务培训。全区建立工资集体协商制度的企业达到22548家，建制率为81%；世界五百强企业和1000人以上的已建工会规模企业建制率达到100%；区域性工资集体协商在全区203个村居实现全覆盖；区一级出租车、物业行业，镇一级的五金、建筑、木工玻璃机械等共12个行业签订了行业性工资集体协议。特别是在区总工会的统一整体部署下，驻区日资企业的工资集体协商工作进展顺利，新生代农民工工资得到相应幅度的提升，七成企业的工资涨幅达到10%。

3. 劳动标准执行情况整体较好

一方面，顺德作为广东省经济发展的排头兵，历来比较重视劳动标准的执行；另一方面，当前经济社会发展需求、劳动力市场供求关系的变化以及新生代劳动力就业需求和诉求的变化等外部因素的影响，对企业执行劳动标准也产生了一定的倒逼作用。

根据调研数据分析可知，99.98%的员工的工资高于2015年《广东省人民政府关于调整我省企业职工最低工资标准的通知》规定的佛山市月最低工资标准1510元。并且，74.3%的员工的工资水平在2000—4000元之间，2000元以下以及4000元以上的员工比例分别为11.9%、13.8%，员工每月实收工资的平均值为3260.5元。因此，顺德区绝大多数企业都能按照劳动和社会保障部公布的《最低工资规定》以及《广东省人民政府关于调整我省企业职工最低工资标准的通知》的要求执行最低工资标准。

休息休假方面，本次调研中有关员工工间休息的统计情况为：每天工间大约休息10分钟的占24.9%，20分钟的占16.8%，20—30分钟的占15.5%，30—40分钟的占7.9%，40—50分钟的占7.7%，60分钟以上的占27.2%。2012年5月人社部、国务院法制办出台《特殊工时管理规定（征求意见稿）》，第二十七条中的工作间歇条款规定：企业在保障正常生产运营的情况下，日工作时间超过4小时的，应当保证劳动者享受不少于20分钟的工间休息时间，工间休息时间计入工作时间。调研问卷结果表明共计75.1%的员工达到了国家规定的不少于20分钟的工间休息时间，说明顺德新生代农民工的工间休息时间整体情况较好。

4. 劳动环境及生产安全保护建设较好

安全设施与建设投入方面，企业问卷调研结果显示，99.3%的受访企业有劳动生产的安全设施，并且2014年企业劳动安全卫生保护投入总费用均值为60.8537万元，表明地区在安全生产硬件设施及资金投入方面情况较好。针对是否开展职业病预防的问题，有效样本企业共有147家，其中140家开展过职业病预防活动，占比95.2%。因此，顺德区企业职业病预防实施情况较好。

新生代农民工安全生产意识培养方面，从员工问卷反映的企业安全生产培训状况可知，地区60.9%的企业经常开展安全生产培训，说明半数以上的企业比较重视对员工生产安全意识培养。员工对于企业安全生产保护不满意的比例为10.6%。因此，对于企业生产安全保护措施，绝大多数员工还是满意的。

5. 社保参与率高

国家统计局发布的《2014 年全国农民工监测调查报告》显示，2014 年全国农民工"五险一金"的参保率分别为：工伤保险 26.2%、医疗保险 17.6%、养老保险 16.7%、失业保险 10.5%、生育保险 7.8%、住房公积金 5.5%。本次调研显示，企业未向职工提供社会保险的占 11.1%，绝大多数企业参保险种覆盖了"五险"，企业总的社保参与率达 82.8%，远高于 2014 年全国农民工参与"五险"的比率。

6. 有针对性开展员工培训

调研发现，企业在员工培训方面具有很强的针对性。在对待核心员工方面，企业高管普遍认为非常有必要对企业的核心员工进行人力资本投资，即培训或教育，其培训和教育的内容主要为业务技能培训、职业生涯规划和团队拓展训练，主要集中于提升核心员工的工作能力。而对一般员工主要提供岗前培训和业务培训，岗前培训更是占比高达 91%，集中于提升员工实践操作能力。

7. 采取民主方式解决劳动争议

此次调研中，回答 2014 年企业发生劳动争议次数问题的有效样本数量是 134 个，计算的企业发生劳动争议次数均值为 4.32，说明企业平均每年要处理 4 至 5 个劳动争议事件。关于采取何种方式解决劳动争议比较合理，高管问卷反映的情况显示，78.7% 的企业高管会选择与员工直接协商解决争议，16.2% 的企业选择通过工会调解，基本不采用强制员工服从或者诉讼的方式解决争议。可见，在解决劳动争议方面，企业倾向于采用较为民主的方式。

（二）顺德区新生代农民工劳动关系存在的主要问题

1. 企业规章制度不够健全，劳动关系风险根源依然存在

《劳动合同法》中对于签订书面劳动合同、无固定期限合同条件，以及

规章制度民主程序、加大违法成本等相关规定，使企业更加注重保障劳动者权益，调动劳动者积极性的同时，对企业持续发展也产生了正面影响。

（1）部分企业规章制度不健全，对员工人文关怀不足

目前顺德区企业劳动用工管理规范、劳资关系和谐的企业不在少数，但管理规章制度不健全、劳资地位严重失衡的企业依然存在。由于受各种因素的影响，如企业经济形式、生产经营方式、产品结构等的不同，企业素质有差异是客观存在的。不过，部分企业管理观念落后，具体表现为：一是企业主法律意识不强，或装糊涂或漠视，造成违反劳动保障法律法规行为多发，易引发投诉和劳动争议，但仍不重视并改进，最终导致劳动关系紧张，进而破裂；二是企业不注重投入，对劳动者关心不足，对用工环境的优化表现消极；三是对人力资源管理不够重视，缺乏培训机制，企业劳资岗位人员素质长期处于低水平甚至缺失，造成企业执行劳动保障法律法规程度低，潜在的劳资隐患日增；四是企业管理模式存有缺陷，管理制度不健全、不合理，部分管理人员素质低下，对劳动者不够尊重，致使劳资矛盾激化，又得不到缓解，从而积压并爆发。在落后的管理观念影响下，管理基础薄弱，企业人力资源管理停留在只是作为雇用、解雇、工资和福利管理部门的最初阶段。企业不重视企业内部规章制度建设，人力资源管理内部制度难以达到协同和互补效应。不重视对员工进行人力资本投资：对员工重使用，轻培训；重招聘辞退，轻留人留心；重短期利益，轻长远打算。一旦出现劳动纠纷，企业将处于不利地位，劳动者权益也难以得到保障，并且将大大提升劳动管理的成本。

（2）一些企业忽视民主管理

一些大型的企业在发展的过程中，逐步形成一套较为严格的管理方法，为了实现快速发展的目标，难免会采用一些强硬的管理措施，无视职工的劳动尊严，忽略企业的民主管理、堵塞职工利益诉求渠道，用生硬的条条框框来限制职工的能力、价值，可企业在这些高压措施下，是

实现了可观的经济利益，同时也给员工施加了很多压力，对他们的身心健康造成了一定的损害。现在的员工，基本以"80后""90后"后的新生代农民工为主流，他们大多入职时间不长，在受到更多教育的同时，对所居地的城市文化也会有更深了解，渴望融入这个城市，可当他们面临着工作、生活方面的较大压力，在适应社会、人际关系、处理情感方面又缺少经验，就会迷茫、彷徨，而企业不是及时地通过员工的思想情绪和心理需求来尊重员工、保护员工，建立适应新时期员工的要求，而是置若罔闻，继续延续着一成不变的老规定、旧守则，久而久之，员工会对企业并不人文的管理表现出淡漠、愤慨，甚至冲动地要去扭转。

2. 劳动者、管理者素质有待进一步提高，就业质量与稳定性较差

调查发现，顺德区内企业的劳动者、管理者素质有待提高，员工就业质量与稳定性较差，具体情如下：

（1）管理人员和专业技术人员情况

附表6-18为高管问卷中管理人员和专业技术人员情况。可见，高层管理人员和中层管理人员的大学及以上学历占比均超过70%；基层管理人员的大学学历占比偏低，只有42.9%；而专业技术人员的大学学历占比则接近60%。这表明，顺德区企业管理人员总体素质尚可，但基层管理人员素质可以进一步提高。

附表6-18　管理人员/专业技术人员的状况

人员身份	总人数	大学及以上学历人数	大学及以上学历占比
高层管理人员	1884	1328	70.5%
中层管理人员	8417	6281	74.6%
基层管理人员	11315	4856	42.9%
专业技术人员	14845	8884	59.8%

（2）普通员工就业情况

附表6-19显示调查企业2014年的普通员工情况。可见，接受高中、

中专及以上员工比例为 41.6%，而大学及以上文凭人数比例为 11.6%，二者加总仅五成多，这意味着员工总体学历水平偏低，劳动者素质有待提高。另外，从附表 6-19 可以发现，虽然正式工人数超过 9 成，但佛山户籍员工比例很低，仅为 15%，大部分员工都是外来务工人员。

附表 6-19　普通员工情况

指标	人数	占比
员工总人数	140199	—
高中或中专及以上文凭人数	58334	41.6%
大学及以上文凭人数	16251	11.6%
正式员工人数	128758	91.8%
临时工人数	996	0.7%
佛山户籍员工人数	21046	15.0%
派遣工人数	4763	3.4%
非全日制用工人数	367	0.3%

（3）就业质量与稳定性情况

调查中发现，顺德区新生代农民工群体的就业质量和稳定性有待提高。员工问卷中，被调查员工的工作年限均值为 12.6 年，在当前所在企业工作年限均值为 5.7 年，换工作次数均值为 2.5 次；企业问卷调查显示，2014 年顺德区企业的核心员工流失率均值为 4.2%，但一线员工流失率高达 17.7%，如附表 6-20 所示。这些数据可以反映出顺德区企业的新生代农民工转换工作过于频繁，就业稳定性较差。

附表 6-20　工作转换情况

数据来源	指标	均值	标准差
员工问卷	工作年限	12.6 年	59.75
	在当前所在企业工作年限	5.7 年	5.82
	自参加工作起的换工作次数	2.5 次	1.85

续表

数据来源	指标	均值	标准差
企业问卷	核心员工（中高层管理人员或技术骨干）流失率	4.2%	7.77
	一线员工流失率	17.7%	20.19

3. 企业内部民主制度化建设不足

企业内部民主制度化建设不足，工会作用有待充分发挥。通过调查发现，新生代农民工对企业工会具有一定的认同度，企业工会在维护工人的合法权益、构建企业和谐劳动关系方面也发挥了一定的作用。但是，企业工会在组织建设和职能发挥方面依然存在一些可以改进的问题。工会参与企业决策情况中，只有 3.9% 的企业工会参与所有决策，34.3% 的企业工会参与大部分决策，60% 以上的企业工会决策参与率很低，详见附图 6-25。

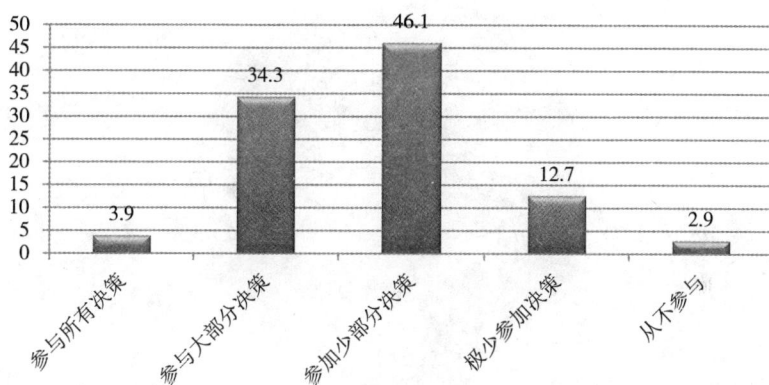

附图 6-25　工会参与企业决策情况

4. 劳资纠纷调解和处理机制有待完善

调查发现，顺德区劳资纠纷调解和处理机制有待进一步完善，集体劳动争议疏导、调处机制建设不到位。具体体现在以下几方面：

（1）集体协商机制过度依赖党政部门的干预

由于对工会工作与劳动用工等方面的法律法规了解不深不透、集体谈判能力和技巧欠缺，企业工会干部代表职工与企业进行集体协商的能力普遍不强。这种情况的存在，使得集体协商与集体合同签订工作的推进还离不开党政部门的积极介入。这种过度依赖党政部门干预的机制使得集体协商更多地停留在形式上，无法完全发挥实际功能，在维护劳动者权益、积极构建和谐劳动关系方面的作用受到限制。

（2）企业解决劳动争议方式过于集中和单一

由前面分析可知，目前顺德区企业解决劳动争议的方式普遍集中为与新生代农民工直接协商。协调方式过于集中和单一，过度依赖企业本身，一旦出现集体劳动争议或企业内部沟通不畅容易造成突发性劳资风险。

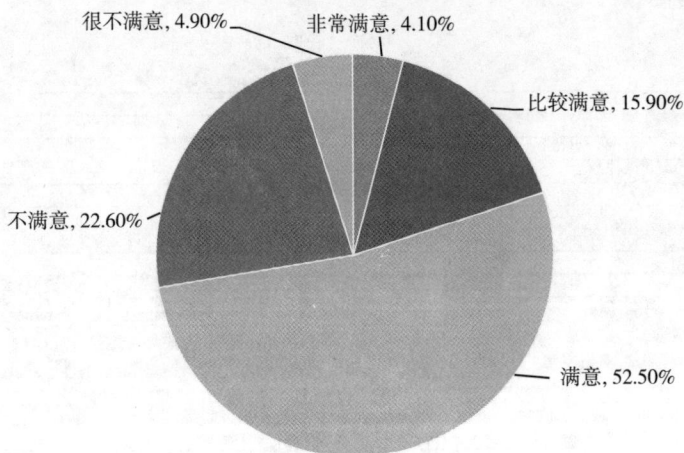

附图 6-26　员工向企业组织投诉受理情况满意度

而在新生代农民工问卷中，劳动者向企业组织、当地劳动部门和总工会投诉受理情况的满意度水平一般。选择"满意"的比例均为五成左右，而"不满意"的占比也在22%以上。满意度不够高会提高劳资冲突

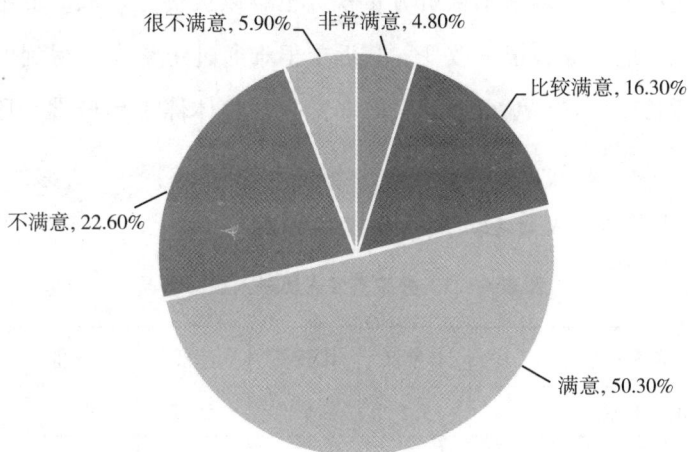

附图 6-27 员工向当地劳动行政部门投诉受理情况满意度

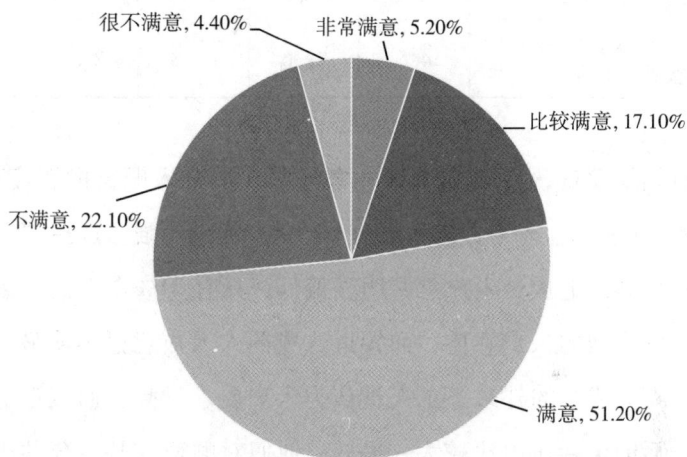

附图 6-28 员工向当地总工会投诉受理情况满意度

的风险和隐患。

（3）企业内部沟通渠道不够畅通

由于新生代农民工对企业工会的认同较低，缺乏平等轻松的对话氛围，沟通效果难以保障。工会不能作为其代言人，企业内部的行政渠道，也很难反映新生代农民工的诉求。劳资双方之间缺乏有效的沟通机制，使得企业中劳方的诉求不被资方重视，也难以被资方获取。员工在资本面前的从属地位没有根本改变，其诉求很难通过正常渠道得到回应和满足，矛盾长期积累，就很容易采取非常规的集体停工等极端手段，导致集体劳动争议频发。

5. 外来务工人员融入顺德程度不够高

附表 6-21　外来务工人员融入顺德情况

测量指标	非常高	比较高	一般	比较低	很低
对顺德的归属感	9.5	16.3	56.7	14.5	3.0
入户顺德区的意愿	10.1	11.5	31.4	40.0	6.9
入户要求是否过高	20.1	34.5	39.7	4.1	1.8
入户后的生活压力	30.4	36.8	27.0	4.4	1.4
对顺德区基本公共服务均等化现状满意度	4.5	22.6	46.8	23.5	2.4

调查结果发现，目前顺德区外来务工人员融入顺德的程度不够高。如附表 6-21 所示，外来务工人员对顺德的归属感不强，选择"一般"及以下的占比高于七成；入户意愿明显偏低，只有 21% 左右的人表示有较强烈或非常强烈的入户意愿，而接近八成的人入户意愿不明显。主要原因在于：有五成多的外来务工人员认为入户要求过高，而接近七成的人认为入户后的生活压力比较大。另外，他们对顺德区基本公共服务均等化现状的满意度也比较低，有七成以上的人满意度在"一般"及以下水平。过低的融入程度必然影响顺德区的就业稳定性，流动性过高不利于建立和谐稳定的劳动关系。

6. 行业商（协）会与人力资源社会组织的作用有待提升

社会组织参与到劳资关系管理，是发展第三方参与劳资关系治理的有效途径。社会组织在成型之后健康运行的保证既在于不断完善的法治，更在于利用其熟悉行业、贴近企业的优势，发挥不可替代的"智库"作用。

在劳资关系治理方面，目前顺德区社会组织还没有很好的发挥作用。一是尚缺乏专业的从事劳资关系协调和治理的社会组织；二是现有向企业渗透的社会组织以娱乐等团体活动为主，尚缺乏与劳资双方有效沟通的渠道，从而导致在集体劳动争议发生时，现有社会组织难以有效预判，也难以及时向人力资源和社会保障等政府主管部门提供信息，也难以通过自身的经验与专业知识，充当第四方积极介入劳资双方的协商，及时解决集体劳动争议。

通过对企业高管的调查可以发现，顺德区行业商（协）会与人力资源社会组织等在和谐劳动关系构建过程中的作用较弱。由前面统计分析可知，认为工商联、行业协会或商会以及企业工会对于企业构建和谐劳动关系有较大帮助的高管比例分别为16.5%、12.8%和41.9%；认为工商联、行业协会或商会以及企业工会对于企业构建和谐劳动关系有一些帮助，但帮助不大的高管比例分别为52.8%、55%和44.8%；认为工商联、行业协会或商会以及企业工会对于企业构建和谐劳动关系没有帮助的高管比例分别为13.1%、18.2%和5.3%。对比分析可以看出，企业高管普遍认为认为工商联、行业协会或商会对于企业构建和谐劳动关系的作用较小。并且，与企业工会相比，工商联以及行业协会或商会的作用得到的认可度更低。

企业高管关于企业是否与新生代农民工签订劳动合同、新生代农民工社保参保率的影响因素的观点进一步验证了行业商（协）会与人力资源社会组织在和谐劳动关系构建过程中的作用较弱的观点。通过对问卷的分析可以发现，行业商（协）会与人力资源社会组织在企业与员工签订合同的过程、在维护员工合法权益方面所发挥的影响都明显不足。

附表 6-22　高管关于企业是否与新生代农民工签订劳动合同的影响因素的认知

	企业运行成本	与员工的劳动争议	企业用工的灵活性	企业管理便利	政府监督力度	其他企业签订情况	其他
高管数量	116	196	134	85	114	5	29
占比(%)	27.9	47.2	32.2	20.5	27.5	1.2	6.9

如附表 6-22 所示，企业高管认为，影响企业是否与新生代农民工群体签订劳动合同的因素主要集中在企业与政府两个层面。在 415 位高管中，分别有 196、134、116、85、114 位高管认为与员工的劳动争议、企业用工的灵活性、企业运行成本、企业管理便利、政府监督力度是影响企业是否与员工签订劳动合同的因素。如附表 6-23 所示，企业高管认为，影响企业是否参与集体合同协商的因素主要集中在企业、员工以及政府三个层面。在 407 位高管中，分别有 196、157、95、94 位高管认为员工因素（员工态度和决心）、管理的灵活性、政府因素（监管力度）、企业运行成本是影响企业是否参与集体合同协商的因素。由附表 6-12 可知，企业高管认为，影响企业员工社保参保率的因素主要集中在企业、政府、同行、劳动者或工会几个层面。在 416 位高管中，分别有 260、158、109、73、42 位高管认为企业用工成本、政府的监管力度、企业利润、同行比较、劳动者或工会的议价能力是影响企业员工社保参保率的主要因素。可见，绝大多数高管都不认为行业商（协）会与人力资源社会组织等在企业与员工签订合同或参与集体合同协商的过程中具有明显的影响，行业商（协）会与人力资源社会组织等在引导企业积极推动员工参与社会保险等涉及职工切身利益的问题方面也没有发挥较大的作用。

附表 6-23　高管关于企业是否参与集体合同协商的影响因素的认知

	企业运行成本	管理的灵活性	政府因素	员工因素
高管数量	94	157	95	196
占比（%）	23.1	38.6	23.3	48.1

7. 人力资源尤其是劳动关系信息系统建设有待加强

顺德区民政和人力资源社会保障局的门户网站具有政务公开、政策宣传、办事指南、通知公告等基本的信息发布功能，并能通过局长信箱、意见征集等实现与公众的互动，通过网上办事大厅在线办理业务。总体上看，顺德区人力资源、劳动关系的信息化建设已经在落实相关政策、创新管理模式、降低行政成本、提升服务能力等方面发挥了重要的作用。但是，目前的劳动保障监察、劳动人事争议调解仲裁、劳动用工备案等管理信息系统建设依然薄弱，例如：人力资源、劳动关系中各种业务之间信息化水平不平衡，与就业、社会保险等应用系统的集成整合水平较低，限制了信息化整体效力的发挥；与相关政府部门、企事业单位信息系统的信息交换机制尚未建立，难以实现信息共享；各种信息安全性问题依然存在；等等。由于存在这些突出的问题，无法进一步提高对各级监察机构及监察网格执法维权的支持力度以及行政复议和应诉管理水平，对用人单位劳动关系发展状况的监控存在动态性、有效性不足的现实困境。

8. 人力资源（劳动关系）基层组织和体制有待理顺

通过调查可以发现，企业工会的建会率较高，工人对企业工会具有一定的认同度，企业工会在维护工人的合法权益、构建企业和谐劳动关系方面也发挥了一定的作用。但是，企业工会在组织建设和管理体制等方面依然存在一些可以改进的问题。企业内部民主制度化建设不足，工会作用有待充分发挥。

附表 6-24　调研企业类型与工会组建情况

企业类型	企业数量（家）	组建工会的企业数量（家）	工会组建率（%）
大型企业	34	33	97.1
中小企业	116	80	68.9
合计	150	113	75.3

（1）调研企业中中小企业工会组建率偏低

根据工业和信息化部、国家统计局、国家发展和改革委员会、财政部于 2011 年 6 月 18 日联合印发的《关于印发中小企业划型标准规定的通知》，可以按照营业收入或者从业人员把本次接受调查的 150 家企业划分为大型企业与中小企业。其中大型企业 34 家，中小企业 116 家，分别占比 22.7%、77.3%。150 家企业的工会组建情况如附表 6-24 所示，可以发现：企业总的工会组建率为 75.3%，大型企业的工会组建率为 97.1%，中小企业的工会组建率为 68.9%。很显然，与大型企业相比，中小企业的工会组建率偏低。《中华全国总工会基层组织建设工作规划（2014—2018 年）》提出了巩固扩大工会组织覆盖面的工作目标，要求全国各类法人单位建会率动态保持在 80% 以上，其中 25 人以上（含 25 人）的单位建会率动态保持在 90% 以上，职工人数较多、规模以上企业工会组建实现全覆盖。从本次调查结果来看，顺德区中小企业的工会组建率存在较大的提升空间。多数中小企业属于劳动密集型企业，员工流动性通常比较大，劳动关系管理相对不规范。并且，这些企业一般都处于价值链低端，缺乏市场竞争力，劳动者合法劳动权益受到侵犯的现象最多、程度最为严重，员工对工会的维权需求也最为迫切。结合本次调查结果分析，中小企业的工会组建率严重偏低的原因主要基于以下几个方面：

一是企业对工会的认知理念存在偏差。32 家目前没有建会的企业回答了"近期是否有组建工会的准备"这一问题，仅有 11 家企业给出了肯定的答案，其余 21 家企业表示没有组建工会的准备或者还没有确定是否组建工会。这一结果充分说明，一些企业组建工会的积极性不高。之所以如此，可能源于企业对工会存在着偏见，主要表现为：首先，很多企业认为工会在协调劳动关系方面不具有重要作用。一些企业对于"工会在协调劳动关系方面的作用如何""预防劳动争议发生的主要措施是什么""公司主要通过何种方式解决劳动争议"等问题进行了回答，结果如附表 6-25 所示。可以发现，不仅没有组建工会的企业轻视工会的作用，部分组建了工会的企业也没有重视工会在协调劳动关系方面的作用。其次，认为工会的主要职能是维护员工权益。在 151 家企业中，117 家企业认为工会的主要职能是维护职工合法权益，占比 77.5%。相比之下，认为工会具有"发动和组织职工努力完成生产任务和工作任务"职能的企业有仅 62 家，占比 41.1%。这一结果说明，企业对于工会存在不信任感。企业普遍认为工会的主要职能是维护员工权益而不是企业的发展，他们尤其担心工会倾向于进行工资集体协商，提高工资水平和福利待遇，进而增加企业的成本，影响企业的长远发展。

企业对工会认知理念的错误和偏差，严重阻碍了中小企业工会的组建。

附表 6-25　企业对工会在劳动关系中作用的认知

调查题目	具体情况描述
工会在协调劳动关系方面的作用如何	132 家企业给出了答案，其中认为工会在协调劳动关系方面作用一般或者完全没有什么作用的企业有 69 家，占比 52.3%
预防劳动争议发生的主要措施是什么	125 家企业给出了答案，有 5 家企业认为应由工会负责协调，占比 4%
公司主要通过何种方式解决劳动争议	88 家企业给出了答案，有 6 家企业认为应通过与工会协商解决，占比 6.8%

二是政府部门对中小企业难以形成有效监管的现实。当前，我国企业工会的主要组建方式依然是上级工会指导的"以上带下"模式，兼之部分中小企业主不愿意主动建立企业工会，自然，中小企业工会的组建在很大程度上依靠政府部门和上级工会组织的推动。然而，现实却是，一方面，政府部门和上级工会监管的对象主要是行业龙头企业、规模企业，容易忽视中小企业、特别是小微企业；另一面，中小企业规范化程度较低，容易出现钻法律和政策漏洞的现象，政府部门和上级工会限于

资源，难以对其形成有效监管。因此，在企业工会组建问题上，中小企业成为工作难点。

（2）新生代农民工群体入会率较低

如附表6-26所示，根据本次调查结果可知，顺德区企业新生代农民工的总体入会率较低，清楚知道自己加入工会的员工仅占30%，清楚知道自己不是工会会员的员工高达52%。值得注意的是，另有18%的企业员工不清楚自己是否是工会会员。这从一方面说明，很多员工加入工会并不是完全出于自愿。这种现象的存在，使得由企业公布的员工入会率的有效性、可信度降低。在企业问卷中，96家企业汇报了本企业的员工入会率。根据企业问卷的统计结果表明，员工的平均入会率达到66.7%。由于包含了部分非自愿入会的员工在内，实际有效的、完全自愿的员工入会率会低于这一比率。

附表6-26　调研企业新生代农民工群体加入工会的基本情况

	是	否	不清楚
员工总量	1304	2251	778
占比（%）	30.0	52.0	18.0

《中华全国总工会基层组织建设工作规划（2014—2018年）》制定了全国各类法人单位职工入会率动态保持在80%以上的工作目标。显然，目前顺德区的总体入会率与上述目标存在较大差距。

（3）企业工会职能缺失

企业工会的基本职能是维护员工合法权益，主要任务应该围绕参与协调劳动关系和调解劳动争议、与企业协商解决涉及员工切身利益问题、帮助和指导员工签订和履行劳动合同、代表员工与企业签订集体合同或者其他专项协议并监督执行等方面展开。当员工权益受到侵害时，企业工会应该成为员工首要的求助对象。然而，现实情况却是一些企业工会多年没有开展活动，或者仅开展一些文体娱乐与员工培训活动。在本次调查中，3600位员工回答了"企业工会主要开展了哪些活动"这一问题。认为企业工会主要开展文体活动的员工比例最高，达到46.7%。其次，有43.7%的员工认为工会主要开展培训活动。另有14.8%的员工认为企业工会基本没有开展什么活动。显然，很多工会在维护员工切身利益方面不积极、不主动，没有成为员工合法权益的强力维护者。

一是在签订集体劳动合同方面的作用较弱。《劳动法》《工会法》《劳动合同法》都明确要求建立工资集体协商机制。全面推进工资集体协商，对于维护企业和职工双方的合法权益，加强企业民主管理，促进劳动关系和谐稳定，调动广大职工和企业经营管理者的积极性、主动性、创造性，促进企业生产发展和经济效益的提高，实现企业可持续发展，都具有十分深远的意义。《中华全国总工会深化集体协商工作规划（2014—2018年)》明确提出，已建工会组织企业集体协商建制率保持在80%以上，其中百人以上已建工会组织企业建制率保持在90%以上。然而，在回答了相关问题的3600位员工中，仅有12.7%的员工认为企业工会代表他们与资方开展了工资集体协商。听过但不了解或者完全没听过集体合同的员工比例高达55.39%，57.2%的员工不清楚企业是否与工会签订了集体合同。进一步分析可以发现，集体协商制度的质量无法令人满意。在126家回答了"工资及其增长由谁决定"问题的企业中，仅有13家企业通过与工会协商决定工资，占比10.3%。对比顺德全区已建工会企业高达81%的集体协商建制率可知，顺德区企业工会在参与集体协商的过程中与普通员工缺乏畅通的沟通渠道，在普及集体合同知识方面的主动性、积极性较低。导致工会在集体协商过程中的实际影响力较小，集体协商的质量不高。顺德区企业目前推行工资集体协商的现状与《中华全国总工会深化集体协商工作规划（2014—2018年)》的目标存在很大的差距。

二是在签订劳动合同方面的作用较弱。企业工会不仅在签订集体合同的过程中作为不足，在指导劳动者签订劳动合同的过程也没有发挥应有的作用。如附图 6-29 所示，在 148 家企业中，只有 2 家企业主要由工会指导劳动者签订劳动合同。

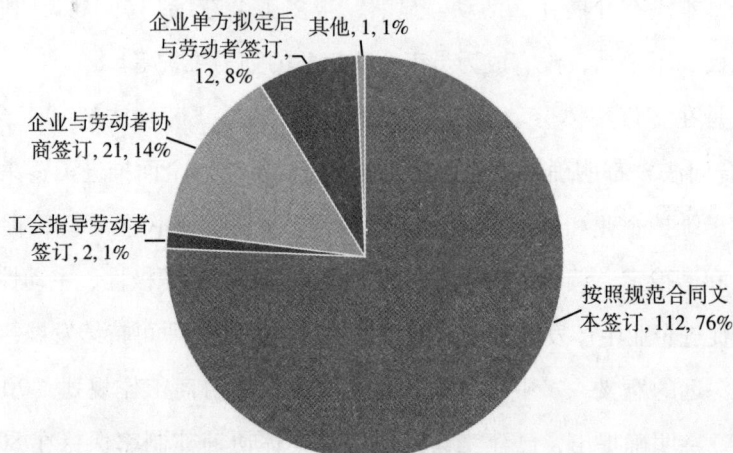

企业单方拟定后
与劳动者签订，
12, 8%
其他, 1, 1%

企业与劳动者协
商签订, 21, 14%

工会指导劳动者
签订, 2, 1%

按照规范合同文
本签订, 112, 76%

附图 6-29　企业签订劳动合同的主要方式

三是在协调劳动争议中的作用较弱。总体上来说，企业工会在帮助员工解决劳动争议中的作用同样不尽如人意，没有得到企业与员工的重视。在 2506 位遇到过劳动争议的员工中，仅有 9.9% 的员工会寻求工会帮助。由附图 6-21 可知，在 125 家企业中，有 5 家企业认为应由工会负责预防劳动争议的发生。如附图 6-30 所示，在 88 家企业中，有 6 家企业认为在发生劳动争议时，应通过工会调解处理。

可见，顺德区企业的工会无法得到新生代农民工群体的信任。造成这种信任危机的可能原因：一是企业工会"自上而下"的组建方式。多数企业的工会是在上级工会的要求和推动下组建而成，也就是说，组建企业工会的责任主要交给了企业，而不是员工。企业组建企业工会的动力或者来自于上级工会（政府）的要求和压力，或者出自于维护企业（企业主）的利益。二是企业工会主席和工会干部的行政化、兼职化。调

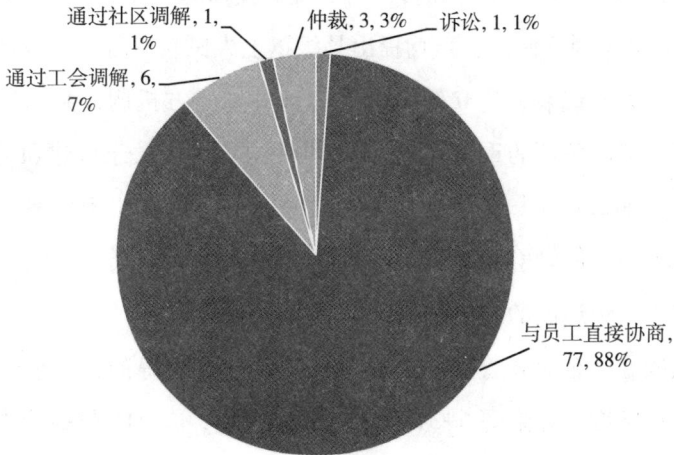

通过社区调解, 1, 1%　仲裁, 3, 3%　诉讼, 1, 1%

通过工会调解, 6, 7%

与员工直接协商, 77, 88%

附图 6-30　企业发生劳动争议的主要解决方式

查发现，企业工会主席的兼职率非常高，只有极少数企业设立了专职工会主席。在兼职的工会主席中，又以行政管理人员的兼职比例为高。这种现象无疑形成了工会主席对企业的严重行政依附，从而大大削弱了工会主席作为新生代农民工群体利益代言人的地位。因而，员工也就难以对此种兼职工会主席形成足够的信任。在私下访谈和正式的座谈中，不在少数的企业工会主席非常直白地表示在当前劳资冲突中负主要责任的应该是员工。这些工会主席的言论一定程度说明了员工与工会主席、员工与工会之间的互不信任关系。同样，由于长期以来工会基本上代表工人利益的刻板印象，工会也无法得到企业的信任。

9. 社会治理体制有待健全，综合机制有待探讨

协调劳动关系，一方面，要靠落实劳动合同制度，实行集体协商制度和集体合同制度。但是，仅在企业范围内推行集体协商和实行集体合同制度是不够的，从协调劳动关系的整个社会化发展要求来看，还需要建立起能够促进劳动关系协调与稳定发展的三方机制。用三方协商机制来体现对更高层次上的劳动关系协调作用，促进各方利益主体的相对一

致性，以达到三方共同利益和目标的实现。我国的《工会法》《劳动合同法》《劳动争议调解仲裁法》均提出县级以上人民政府劳动行政部门会同工会和企业方面代表，建立健全协调劳动关系三方机制，共同研究解决劳动关系和劳动争议的重大问题。《中共中央国务院关于构建和谐劳动关系的意见》明确提出，要完善协调劳动关系三方机制组织体系，建立健全由政府人力资源社会保障部门会同工会和企业联合会、工商业联合会等企业代表组织组成的三方机制。

多数顺德区企业高管都认为三方机制是一种很好的机制，但在实际操作中存在难度，如附图6-31所示。可以发现，在411位高管中，对三方机制具有正面评价的高管有379位，占比92.2%。但在这379位高管中，有255位高管认为三方机制操作上有难度。由附表6-16可以看出，多数企业与高管都认同三方机制可以发挥作用，但这种作用类型一般是具有较高层次、指导性的作用。

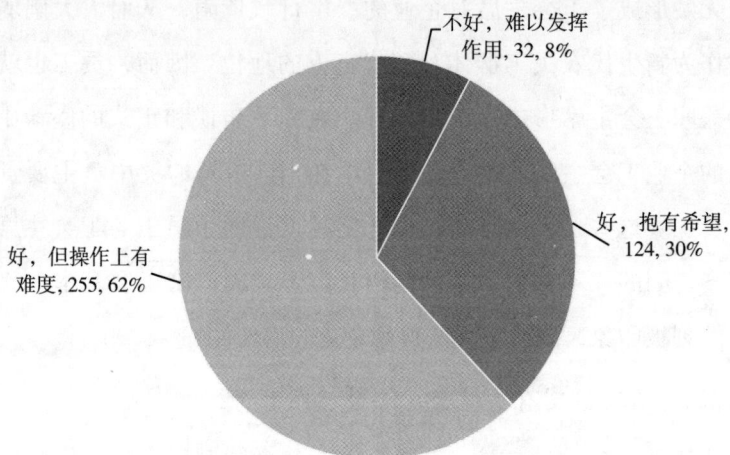

附图6-31　高管对协调劳动关系的三方机制的评价

综合上述结果，我们认为顺德区新生代农民工劳动关系三方治理机制还不够完善，还存在有待加强和创新的地方，需要进一步探讨一种综合性的、具有较强实效性的运行机制。

10. 公共服务理念有待更新，服务效能有待提高

政府作为秩序维护者和公共服务供给者，在维持劳资关系和谐稳定方面扮演着重要角色。夯实政府在和谐劳动关系中的责任，就必须树立正确的服务理念，建构一系列机制，以此确保劳动关系的各方主体能够和谐共处。为此，政府必须提供公平合理的制度，建立劳动报酬谈判、监督及增长机制，创造宽松的发展环境。保护劳动者基本权利，促进集体谈判，促使遵循劳动法基本规则和基本劳动标准，建立一套迅速而有效的劳动争议处理制度，提供调解和仲裁服务，维持良好的劳动关系。政府还必须为全体劳动者建立一套就业保障体系，促进劳动者的就业竞争力。附表6-27是根据本次调查汇总的员工对公共服务的满意度。由附表6-27并结合附图6-27、附图6-28可知，多数员工对公共服务的满意度处于一般水平，少数员工的满意度处于较高或者较低水平。这说明目前顺德的公共服务效能有待提高，需要进一步创新服务理念，在创建和谐劳动关系的过程中承担政府应有的角色。

附表6-27　新生代农民工对公共服务的满意度

	很不满意	不满意	一般	比较满意	非常满意
员工数量	98	650	2044	1054	207
占比（%）	2.4%	16.1%	50.4%	26.0%	5.1%

五、改善顺德新生代农民工劳动关系的若干思考与建议

总体上来说，顺德区的新生代农民工劳动关系运行已发生显著改善，总体上进入平稳、有序的上行通道。"劳资共赢、和谐共生"的良好格局逐渐形成，并不断巩固发展。顺德区劳动关系各相关方面，在中央2015年10号文和广东省委2015年11号文精神指导下，通过大胆探索和积极实践，积累了许多成功经验，具有重要的借鉴和推广价值。然而，必须

清醒认识到，由于受多维深层成因影响，顺德区新生代农民工劳动关系发展仍不可避免地存在一些问题和挑战。有些问题具有一定的普遍性、复杂性和严重性，如果没有得到及时、有效处理，很有可能转化为比较严重的群体性事件，成为影响顺德区经济社会稳定与发展的重大安全隐患。因此，为了构建稳定、和谐的劳动关系，进一步推进顺德区和谐劳动关系的加快形成与持续、稳定发展，客观上要求顺德区必须不断进行改革与创新，积极调整和完善相关公共政策。

（一）将构建和谐劳动关系列入顺德发展总体战略

通过调查发现，随着经济发展进入新常态，顺德传统竞争优势可能变弱，经济增速放缓不可避免。推动产业升级优化，实现经济持续健康发展，加强社会主义民主法治，改善民生和加强社会建设，是新时期必须完成的重要任务。新常态往往也伴随着新矛盾、新问题、新挑战，劳动关系作为生产关系的重要组成部分，也面临一些新问题和潜在风险。近年来顺德区劳动纠纷案件有所下降，劳动关系总体处在可控状态，但经济下行带来的不稳定因素依然存在，潜在性、苗头性问题不容忽视。员工结构呈现新变化，新生代农民工比例逐年加大；员工需求日趋多元化，特别是新生代农民工更加注重精神权益的追求；劳资冲突的敏感性、关联性、对抗性增强。加快构建和谐的劳动关系，已经成为新时期顺德区加强社会管理创新、提升公共服务水平、促进社会和谐稳定的核心任务。在这一背景下，应该将构建和谐劳动关系作为顺德发展的战略性课题。

顺德区应该紧密结合自身实际，全面落实与深入贯彻全国构建和谐劳动关系先进表彰暨经验交流会精神和党的十八大报告精神，按照"劳资共赢、共同成长、和谐共生"的要求，以贯彻实施法律法规为前提，切实保障和维护职工合法权益；以彻底改变劳动关系理念为核心，积极打造产业社区先进文化，进一步推进企业和谐文化建设，塑造新型的"互利共赢，和谐共生"的劳资关系理念；以推动政府职能转变为重点，不断创新体制机制，进一步完善构建和谐劳动关系的长效机制，推进并实现市场高度自治；以推进社会协同的社会管理创新为突破，增强劳资关系和谐发展的社会服务与管理；以提高组织化程度和人才队伍建设为方向，进一步充分发挥工会的重要作用；以促进顶层设计和劳资争议调解的完善为基础，推动企业改善和优化劳动关系管理，进一步保障和改善职工生活，进一步促进企业、职工双赢发展。

为了全面落实和深入贯彻上述先进思想与理念，本课题组认为，必须增强政府的战略意识和正确引导，在劳动法律法规的执行、公共政策的制定与实施、劳动行政干预及其他社会管理方面的举措，都必须渗透、贯彻正确的劳动关系理念和价值观；在政府的有力推动和支持下，积极推进、加强以劳资关系为重心的企业文化建设，构建一种劳资关系和谐的企业文化；丰富社区文化活动，加强媒体的正面监督。不仅满足社区居民的精神和娱乐需求，而且帮助他们树立正确的劳动关系理念和价值观，形成一种汇集各方力量构建和谐劳动关系的大战略格局。

（二）形成社会治理和劳动关系共建共创综合机制

通过调查发现，在社会快速转型和发展过程中，目前顺德区社会管理与服务也应该转型升级，应坚持以推进社会管理创新作为突破，显著增强有利于促进劳动关系和谐发展的社会管理与服务，形成社会治理和劳动关系共建共创的综合机制。

在顺德区实施政府职能转变，创新社会管理机制和服务方式的背景下，政府、工会应积极指导、扶持、培育一批处理劳动关系业务的多样化本土社会组织，协助政府为劳资双方提供更专业、优质的社会服务。为此，本课题组认为，政府应通过体制机制创新，加强各职能部门之间的协同管理，采取市场运作、政府购买服务等模式，在劳动关系调处过程中大力引进专业化的社会组织。同时，通过社会管理与服务的载体、平台建设，实现社会管理与服务的广覆盖，并实现社会管理与服务向企业内部的延伸和衔接，帮助企业预防和化解劳资矛盾，推动劳动关系和谐发展。

（三）大力推进产业结构优化与素质提升

大力推进产业结构优化和企业与劳动者素质的提升工程，本课题组认为具体可以包括以下几方面内容：

1. 企业要顺应产业发展趋势和经济发展大势，主动实施产业转型升级

当今产业发展速度在加快，产业升级速度在加快，产业更新换代速度在加快，企业唯有积极顺应产业发展趋势，顺应经济发展"低碳节能，环保先行"的大势，淘汰落后产业，积极提升产业现代化水平和科技含量，加快转型升级，积极破解难题、狠抓机遇机会、才能在更高层次、更高水平上推进企业发展。

2. 企业要认真遵行法律法规

企业守法经营首先就必须遵行《劳动合同法》和《劳动法》，这两法是保障劳动者合法权益的根本法，是促进劳资双方关系和谐的基础保障法。企业应遵守《工会法》和《工会章程》，组建工会并发挥其作用，以工会为载体构建劳资双方沟通交流的平台。企业在实施科学管理过程中应遵守《企业工会工作条例》《工会法》和《工会章程》，利用工会帮助企业规范企业管理，建立职工代表大会制度和民主管理制度，主动让企业职工参与到企业管理中。企业规章制度、工作守则和重大管理事项决策应召开职代会让职工参与，保证合法合理。企业应该实行厂务公开，向广大职工通报企业发展状况，为构建和谐的劳动关系提供保障。

3. 企业要实施科学管理，顺畅内部沟通机制

当前劳资双方博弈中，劳方仍然处于弱势地位，企业在管理理念、制度规范和企业责任上如果不够科学合理，在劳动待遇和其他方面就不可能给予职工足够的重视和尊重。加上部分员工秉持"给你打工，不是卖身"的观念，导致企业没有赢得职工特别是一线员工对企业价值和使命的认同。为此要畅通内部沟通机制，听取职工特别是一线员工对工作的诉求，及时与员工沟通企业的态度和想法，尽可能排解职工在工作、生活中出现的难题，尽可能满足员工提出的合理要求。企业对职工特别是一线职工，要对他们的职业规划给予正确指导，人际交往给予自由空间，面对压力要及时帮助化解，多方帮助他们建立兴趣爱好，树立团队精神，提升准确的认识能力。

4. 企业要与员工共享企业发展成果

特别是中小企业在规模不断扩大的过程中，应让员工分享企业成长带来的成果，切实提高员工的待遇和收入水平，让员工与企业一起成长，提高员工的归属感。

5. 企业要加强人文关怀

企业应关心职工的工作和生活，职工安居才能乐业，职工的生活直接影响他们的工作。企业应以人为本地为职工着想，营造一个良好的工作和生活环境。不断地改善工作环境，注重职工的人生安全，给职工提供足够的防护，防止职业病的产生，给职工提供消暑降温等人性化的关怀。此外，应该关心职工的工余生活，丰富业余文化体育活动，尤其是要建立职工的教育培训机制，让更多的职工通过再教育、再培训，提高自身素质。组织职工开展文化娱乐活动，为职工提供展现才艺的平台。加强心理健康教育和保健，设立职工帮扶基金，帮助职工解决困境。

（四）健全改善劳动关系三方协调机制

通过调查发现，构建劳动关系三方协调机制是一项重要而艰巨的任务，为此，应围绕以下几个方面健全改善劳动关系三方协调机制。

1. 突破传统工作格局，拓宽三方机制的工作领域

将三方机制工作范围扩展到劳动关系调整的各个方面，包括政策制订，劳动关系的建立、运行、解除、终止，企业协商机制的建立，经济性减员，集体争议协调，劳动争议仲裁等，以充分发挥三方的职能作用，维护企业和劳动者的合法权益，保持社会稳定，进而促进经济的发展。

2. 突出重点，注重效率

围绕劳动关系中的突出问题，提高协商质量，并向镇（街道）、社区、经济开发区、高新技术园区延伸。为提高协商水平和工作效率，各级三方协商会议可采取各种方式，将本级三方机制工作情况通报各方基层组织并上报上级三方机制组织。为充分发挥三方协商机制应有的作用，还必须提高参与人员的素质，使之尽快具备一定的法律、经营管理、社会保障等专业知识和组织协调能力。开展劳动法律服务，为企业和劳动者提供法律服务，并代理诉讼，以满足日益增多的劳动争议案件的需求。

3. 建立健全三方工作制度

可以考虑通过加强如三方联席会议制度、情况通报制度、重大疑难案件会审制度、首席仲裁员轮任制度、仲裁员名册制度等建设，从制度上确保三方机制的真正落实，使三方代表和专兼职仲裁员都能够参与办案，避免工作的随意性。建立多层次、全方位的劳动关系调整机制，弥补目前三方机制主动性缺乏的不足，超前介入并及时处理劳动争议。

（五）强化政府职能并加强劳动者权益保护

1. 大力宣传劳动保障法律法规，切实提高劳动者和用人单位法律观念

通过宣传提高劳动者、用人单位的法律观念有利于提升法律意识，有利于劳动者运用法律手段提高维护自身权利的能力，防止用人单位发生进一步的侵权行为。因此必须要充分利用电视、广播、互联网等媒介来广泛宣传法律法规，教育劳动者和用人单位，使他们树立法律意识，建立法律信仰，依法维护自身合法权益。特别是加大对拒不支付劳动报酬案件审判典型案例的宣传，对欠薪企业产生教育和警示作用，营造良好的社会用工氛围。

2. 充实监察队伍建设，加强监督管理

一是要加强监察队伍建设，特别是要向基层执法队伍倾斜。要根据顺德企业数量和劳动人口数量，不断调整优化区、镇两级劳动监察工作人员数量，保障经费和办公设备，改善监察执法条件，提高监察办案的质量效能。要建立监察队伍提升机制，从资格准入、人员管理机制等方面加强培训，不断提高监察队伍的整体素质。二是合理配置权限。进一步合理划分区、镇两级监察机构的管辖权限，加大对违法案件的查处力度，逐步转变工作方式，提前介入、注重预防，将工作重心由处罚转向监管，建立起长效的、实时动态监督机制，创造良好的用工环境。三是要完善监督制度机制。推行政务公开，执法公开，主动接受社会公众监督，推进劳动保障监察与工会、公安等部门之间协调配合，使法律监督与劳动执法监督紧密协作，形成合力。

3. 加强惩戒欠薪失信行为

政府要落实重大劳动保障违法行为社会公布工作，纳入社会征信体系，加强对用人单位的社会监督。

（六）加强劳动争议调解网络体系建设

指导企业依法建立健全劳动争议调解委员会，鼓励和帮助企业自主解决劳动争议，推动企业建立劳资沟通对话机制，畅通意愿表达渠道；指导大型集团公司成立调解中心，自行化解本单位、本系统的劳动争议，发挥企业集团公司解决争议的基础性作用，提升企业自主解决劳动争议的能力。积极推进行业性调解组织建设，依托行业协会、行业工会，重点指导出租汽车、餐饮服务、建筑等劳动密集型行业建立行业性调解组织。发挥基层人民调解组织机构健全、分布广泛、专业素质高的优势，积极调解属地发生的劳动争议案件，促使争议双方互谅互让、平等协商，有效化解矛盾。加快推进区域性调解组织建设，在产业园区、工业园区、高校园区等用人单位集中区域，加快建立区域性调解组织。指导和推动镇街、村居建立具有调解职能的调解组织，发挥政府主导地位，进一步整合资源，建立广覆盖的调解组织机构。

（七）充分发挥党群组织和工会的作用

通过调查发现，突出党建引领，积极培育和合共同体，是构建中国特色劳动关系的有效途径。充分发挥党建引领群团组织建设优势，推动企业发展和党建工作互融共进，促进两新组织与党组织、员工与企业的深度融合。下一步，可以总结顺德企业党建引领和谐劳动关系建设的经验，大力宣传企业党组织和党员推动和谐劳动关系构建的做法，努力营造党建牵头、群团协同、合力促进企业和谐的良好氛围。深入开展"和谐劳动关系大巡视"专项行动，指导企业党组织重点摸排在民主管理、劳资协调、矛盾处理、权益维护等方面的不足和隐患，通过问题倒逼企业健全劳动关系协调机制、加强民主管理制度建设，建立规范有序、公正合理、互利共赢、和谐稳定的劳动关系。

　　工会作为劳动关系中劳动者一方合法权益的维护者，在推动构建和谐劳动关系中承担着重要的责任。工会是党联系群众的桥梁，工会、党群组织在协调劳动关系过程中各自具有不同的优势。拓宽工会、党政部门之间的信息沟通渠道，从而在调处劳动关系过程中协同行动，形成整体合力，可以一定程度上克服工会自身的不足。

　　1. 指导企业组建工会，动员企业员工积极加入工会

　　根据本次调查的情况，顺德区仍然存在没有组建工会的企业。因此，顺德区应进一步加大督促力度，推动企业组建工会。特别是应该针对中小企业，实施切实可行的政策措施，引导甚至依法要求企业按照要求组建工会。由前述分析可知，由于流动性强、维权意识薄弱，农民工加入工会的意愿较低。如何针对农民工加强宣传，使得他们充分认识加入工会的重要性，从而引导他们积极加入工会是下一步的工作重点。特别地，可以针对流动性强这一特征，创新工会组建方式方法，探索打破企业界限组建工会的可能性与对应的实践政策，降低由于流动性而产生的消极入会的观念。

　　2. 督促企业加强工会组织规范化建设，并不断完善运行制度

　　如前所述，组织不健全、制度不完善、干部配备流于形式的现象在很多工会普遍存在。如何约束企业不断规范工会组织建设，完善相应的运作制度，并建设得力的干部队伍是政府需要努力解决的重要问题。这些问题的解决与否直接影响着工会职能的发挥、员工入会的积极性以及企业与员工对工会的信任程度。事实上，在《工会法》《中国工会章程》等政府法律法规中，已经对这些问题作了一定层次的规定。如何有效地监督企业依法开展相关活动是工会规范化、制度化建设的关键。另外，工会干部与企业之间的依附关系，是工会不能有力地维护员工利益的一种重要因素。在实践中，可以尝试探索一种提高工会干部特别是工会主

席的相对独立性，使其与企业以及员工之间保持一种对称的依附关系，应该可以淡化工会在平衡企业与员工利益过程中的阶层属性，提高在和谐劳动关系构建中的地位与影响力。

3. 引导企业加强工会维权工作，依法保障员工基本权益

由本次调查可知，多数企业都能履行法律责任，基本没有发生侵害员工基本权益的现象。然而，依然有一些员工的合法权益没有得到有效保障。企业工会的基本职能是维护员工合法权益，依法保障员工的劳动就业权利、获得劳动报酬的权利、休息休假的权利、获得劳动安全卫生保护的权利、享受社会保险的权利和接受职业技能培训的权利等。通过前面的分析可知，多数工会的活动主要围绕文体娱乐、员工培训等展开。工会在维护员工切身利益方面不积极、不主动，没有成为员工合法权益的强力维护者。顺德区很多企业工会参与集体协商的力度不足，没有履行代表员工签订集体合同的责任，在指导劳动者签订劳动合同的过程也没有发挥应有的作用，在帮助员工解决劳动争议中的作用同样不尽如人意。正是企业工会职能存在不同程度的缺失，使得工会无法得到企业与员工的信任与重视。因此，应该着重引导企业工会干部正确地认识工会在和谐劳动关系构建中的地位与作用，增加维护职工权益的积极性，在实践中不断创新工作方法，依法切实保障员工基本权益，并不断满足员工合理的"增长型"利益诉求。

4. 充分整合工会、党群组织的力量

根据本次调查，工会、党群组织在调处劳动关系中的作用都得到一定程度的认可。作为参与者，它们各自具有不同的优势与不足。应积极引导工会与党群组织加强相互之间的信息共享、沟通联系工作，健全协调劳动关系三方机制，加强和创新三方机制组织建设，健全工作制度，共同研究解决劳动关系重大问题，调处集体劳动争议。

（八）发挥商（协）会和人力资源社会组织的作用

通过此次顺德劳动关系调研发现，在形成和谐劳动关系的社会共治格局中，商（协）会和人力资源社会组织具有独特优势和作用。商（协）会和人力资源社会组织参与到劳资关系管理，是发展第三方参与劳资关系治理的有效途径。社会组织在成型之后健康运行的保证既在于不断完善的法治，更在于利用其熟悉行业、贴近企业的优势，发挥不可替代的"智库"作用。具体而言，社会组织要在参与社会管理和公共服务的专业服务能力、公开透明自律的自我约束能力、对社会责任和民生诉求的社会支持能力、适应社会改革和社会建设的创新发展能力四个层面开展组织建设，完善法人治理结构和内部管理机制，提升社会公信力和回应社会问题与公众需求的社会服务能力，才能在构建和谐劳动关系中发挥其应有的作用，扮演起协调者、监督者和服务者的角色。

（九）建好创新基地，做实基层人力资源服务机构

要充分发挥华南师范大学博士后创新基地在劳动关系理论研究和成果转化方面的作用，利用好、开发好、推广好课题调研成果，使之成为构建国家级和谐劳动关系试验区的理论平台和阵地，使调研成果服务于顺德和谐劳动关系事业。

注重发挥乡镇（街道）人力资源服务机构在劳动关系治理中的作用。用创新办法、务实举措切实建立乡镇（街道）人力资源服务机构，尝试解决基层工作人员的编制问题。健全完善工作机制、运行机制，协助乡镇（街道）工会更好地发挥作用。

（十）构建全国试验区，共创新经验，争创新优势

通过顺德区构建全国和谐劳动关系综合改革试点，力争创新具有中

国特色的劳动关系工作制度、体制和机制，努力探索出一条符合中国国情的构建和谐劳动关系新路子，为国家从整体层面推进和谐劳动关系创建提供可操作、可实施、可复制、可推广的有益经验。重点从创新和改善社会管理与适应产业转型升级和构建完善的市场经济体制机制着手，作为构建和谐劳动关系的基本主线，构建和谐劳动关系的组织责任体系、评价考核体系、信息反馈体系，完善外部环境、市场机制、内部管理、公共服务等劳动关系多方的主体责任等机制，打造有顺德特色、有珠三角地区风格、对全国有借鉴意义的和谐劳动关系治理体系。

（执笔：谌新民、韩清池、谌晓舟）

佛山市顺德区劳动关系企业调查问卷

企业代码 _____

尊敬的女士/先生：

您好！本调查系华南师范大学顺德区博士后创新实践基地和国家级省部共建顺德和谐劳动关系试验区的联合调查，贵公司是我们随机抽取的调查对象，贵公司的客观情况对于我们的研究具有重要的参考价值。所有调查信息仅用于研究用途，我们郑重承诺根据有关法规严格保密。请贵企业给予支持与配合。谢谢！

华南师范大学/顺德区民政和人力资源社会保障局

填写说明：请您在符合实际情况和意见的选项标号上打"√"或在加下划线的空白处填写实际的内容，如无特别说明，请只填写一个答案。

A. 企业基本情况

A1. 贵公司的成立时间：_____年_____月

A2. 贵公司的所有权登记状态：

1. 全民所有制企业 2. 集体所有制企业 3. 联营企业 4. 在中国境内设立的外商投资企业（包括中外合资经营企业、中外合作经营企业、外资企业） 5. 港澳台投资企业 6. 私营企业 7. 其他

A3. 贵公司的主要投资方属于：

1. 中国大陆 2. 日本或韩国 3. 欧洲 4. 美国 5. 港澳台 6. 其他

A4. 贵公司目前所属的主要行业：

1. 制造业 2. 电力、热力、燃气及水生产和供应业 3. 建筑业 4. 批发和零售业 5. 交通运输、仓储和邮政业 6. 住宿和餐饮业 7. 信息传输、软件和信息技术服务业 8. 房地产业 9. 科学研究和技术服务业 10. 居民服务、修理和其他服务业 11. 其他

a. 贵公司当前的主营产品或服务：_____

_____

b. 贵公司 2014 年主营业务收入：_____（万元）

A5. 贵公司 2014 年产品出口总额占销售总额的比重是：_____%

A6. 贵公司的生产方式属于：

1. 劳动密集型企业 2. 资本密集型企业 3. 技术密集型企业 4. 其他

A7. 贵公司是否属于《高新技术企业认定管理办法》所认定的高新技术企业：

1. 是 2. 否

A8. 贵公司 2014 年的总产值：_____（万元）

A9. 贵公司 2014 年缴纳税收：_____（万元）

A10. 贵公司 2014 年的企业利润率（企业利润/企业销售总额×100%）：_____%

A11. 贵公司 2014 年的用工成本率（企业用工成本/企业总成本×100%）：_____%

A12. 贵公司 2014 年管理人员/专业技术人员的状况：

指标	编码	2014 年
高层管理人员	a	（1）人数：_____ （2）其中大学及以上学历人数：_____
中层管理人员	b	（1）人数：_____ （2）其中大学及以上学历人数：_____
基层管理人员	c	（1）人数：_____ （2）其中大学及以上学历人数：_____
专业技术人员	d	（1）人数：_____ （2）其中大学及以上学历人数：_____

A13. 贵公司 2014 年普通员工的状况：

指标	编码	2014 年
员工总人数	a	
高中或中专及以上文凭人数	b	
大学及以上文凭人数	c	
正式员工人数	d	
临时工人数	e	
佛山户籍人数	f	
派遣工人数	g	
非全日制用工人数	h	

A14. 贵公司 2014 年的劳动力资源供求状况：

1. 存在劳动力短缺　2. 劳动力供求基本平衡　3. 存在结构性矛盾

若选 1，劳动力短缺的人数大致占员工总数是：_____%。时间维持_____月

A15. 贵公司 2014 年核心员工（中高层管理人员或技术骨干）的流

失率：_____%

A16. 贵公司 2014 年一线员工的流失率约：_____%

A17. 贵公司资金的来源主要依靠：

1. 银行贷款　2. 自我积累　3. 民间借贷　4. 上市融资

5. 其他：_____

B. 劳动合同

B1. 贵公司 2014 年劳动合同的签订率：_____%

B2. 贵公司 2014 年是否签订了集体合同：_____

B3. 贵公司认为是否有必要签订集体劳动合同：

1. 很有必要　2. 有些必要　3. 没有必要　4. 不确定

B4. 贵公司 2014 年签订无固定期限劳动合同的总人数：_____（人）

B5. 贵公司签订劳动合同的主要方式：

1. 按照规范合同文本签订　2. 工会指导劳动者签订　3. 企业与劳动者协商签订　4. 企业单方拟定后与劳动者签订　5. 其他

B6. 贵公司在订立和变更劳动合同时，通常是：

1. 由一方或双方提出要求，双方平等协商，自愿进行

2. 由企业单方提出要求，员工接受

3. 由员工或工会单方面提出要求，企业接受

4. 其他：_____

B7. 贵公司 2014 年发生的劳动合同纠纷数量：_____（件）

B8. 贵公司 2014 年提前终止或解除劳动合同的数量：_____（份）

B9. 贵公司在与员工签订劳动合同过程中遇到的主要问题是：

1. 员工签订合同的意愿　2. 劳动合同的期限　3. 签订劳动合同的方

式　4. 劳动者权利诉求增加

B10. 贵公司提前终止或解除劳动合同的主要原因（可选主要的 3 项）：

1. 劳动力饱和　2. 公司面临危机，被迫裁员　3. 员工绩效达不到考核要求　4. 员工工资待遇要求过高　5. 员工违反公司纪律

6. 其他：_____

C. 薪酬福利与社会保障

C1. 贵公司 2014 年的工资状况：

指标	编码	2014 年
工资总额（万元）	a	
高管人员年平均工资（元）	b	
中层管理人员年平均工资（元）	c	
技术人员年平均工资（元）	d	
一线工人年平均工资（元）	e	
正式工年平均工资（元）	f	
临时工年平均工资（元）	g	
一线工人每小时工资（元）	h	
一线工人每小时加班工资（元）	i	

C2. 贵公司普通一线员工薪酬福利的基本构成（%）：

员工类型	编码	固定工资	加班工资	业绩提成	福利待遇	奖金	其他	总计
		a	b	c	d	e	f	h
合同工	a							
派遣工	b							

C3. 贵公司普通员工的薪酬福利与周边同行业其他企业相比：

1. 有很强竞争力　2. 有较强竞争力　3. 有一定竞争力　4. 没有竞争力　5. 处于劣势

C4. 影响贵公司工资及其增长的主要因素（可多选，并按重要性从高到低排序）：

1. 公司老板的态度　2. 公司业绩　3. 当地生活水平　4. 同行工资水平　5. 物价水平　6. 政府收入分配政策　7. 劳动力市场状况

8. 其他：_____

C5. 贵公司的工资及其增长由谁决定：

1. 由公司老板或总经理决定　2. 由董事会决定　3. 由股东大会决定 4. 与工会协商决定　5. 与职工代表协商决定　6. 由职工代表大会决定 7. 其他

C6. 贵公司是否执行高温补贴政策：1. 是　2. 否

每月标准是_____

是否需要提高标准：1. 是　2. 否

C7. 贵公司的员工生活设施包括（可多选）：

1. 空调　2. 风扇　3. 热水器　4. 医务室　5. 上网设施　6. 其他

C8. 贵公司的文体娱乐设施包括：

1. 图书馆或阅览室　2. 运动场　3. 健身房　4. 娱乐室　5. 其他

C9. 贵公司2014年举办各种业余文化娱乐活动的次数：_____（次）

C10. 贵公司社会保险执行的缴费标准：

1. 政府公布的最低工资标准　2. 工资总额中的固定部分　3. 社会人均工资

C11. 贵公司所提供的社会保障项目包括（可多选）：

1. 养老保险　2. 医疗保险　3. 住房公积金　4. 失业保险　5. 工伤

保险 6. 生育保险 7. 其他商业保险 8. 企业年金 9. 不提供任何社会保障

C12. 贵公司 2014 年各社保项目支出额度（单位：万元）：

养老保险	医疗保险	生育保险	失业保险	工伤保险	公积金	商业保险
a	b	c	d	e	f	g

C13. 影响贵公司社保参保率的主要影响因素（可多选，并按重要性排序）：_____

1. 公司老板的态度 2. 公司业绩 3. 当地政府的监管力度 4. 同行比较 5. 劳动者或工会的议价能力 6. 其他

C14. 贵公司社保种类、覆盖范围及缴费水平的决定：

1. 由老板或总经理决定 2. 由董事会决定 3. 由股东大会决定 4. 与工会协商决定 5. 与职工代表协商决定 6. 由职工代表大会决定 7. 其他

D. 劳动安全卫生保护

D1. 贵公司明文规定的工作时间：

a. 每周工作的天数：_____（天）

b. 平均每天工作的时间：_____（小时）

D2. 贵公司法定节假日的执行情况：

1. 按国家规定执行 2. 有节假日，但有时加班 3. 有节假日，但通常要加班 4. 没有节假日

D3. 贵公司 2014 年劳动安全卫生保护投入总费用：_____（元）

D4. 贵公司有否劳动生产的安全设施：

1. 是　2. 否

D5. 贵公司是否开展职业病预防：

1. 没有开展　2. 比较少开展　3. 经常开展

D6. 贵公司是否签订女职工权益保护专项合同：

1. 是　2. 否

D7. 贵公司是否建立安全隐患定期检测、清查制度：

1. 是　2. 否

D8. 贵公司是否开展安全生产方面的培训：

1. 是　2. 否

D9. 贵公司 2014 年发生的大小工伤事故情况：

a. 总次数：_____（次）

b. 重大工伤或安全事故次数：_____（次）

c. 重大工伤或安全事故的伤亡人数：_____（人）

d. 每次重大事故的平均直接经济损失：_____（万元）

E. 员工发展与民主管理

E1. 贵公司 2014 年员工培训情况：

a. 培训活动的次数：_____（次）

b. 培训经费的总额：_____（万元）

c. 参加培训的人次：_____（人次）

d. 人均培训的天数：_____（天）

E2. 贵公司的培训对象是：

1. 少部分员工　2. 大部分员工　3. 全体员工

E3. 贵公司对于员工培训效果的反应：

1. 很好　2. 较好　3. 一般　4. 较差　5. 很差

E4. 贵公司给予普通员工的职业发展机会：

1. 很多　2. 较多　3. 不多　4. 较少　5. 很少

E5. 贵公司选拔基层、中层管理者的主要方式：

1. 员工选举产生　2. 企业投资者直接任命　3. 外部招聘　4. 其他

E6. 贵公司的员工发展或晋升的关键依据：

1. 社会背景　2. 人际关系　3. 能力和业绩　4. 其他

E7. 贵公司的工会情况：

a. 贵公司是否组建了工会：1. 是　2. 否

(1) 如果选1，则员工的入会率是：＿＿＿＿＿＿%

(2) 如果选1，则工会参与企业决策的情况：

1. 参与所有决策　2. 参与大部分决策　3. 参与少部分决策　4. 极少参与决策　5. 从不参与

(3) 如果选2，近期是否有组建工会的准备：

1. 是　2. 否　3. 不确定

b. 贵公司认为工会在协调劳动关系方面的作用如何：

1. 具有重要作用　2. 作用一般　3. 不起作用　4. 具有消极作用

E8. 贵公司认为企业工会的主要职能是（可多选）：

1. 维护职工合法权益　2. 民主管理和民主监督　3. 发动和组织职工努力完成生产任务和工作任务　4. 对职工进行各种教育，提高职工素质 5. 组织各种业余活动　6. 帮助企业协调劳资纠纷　7. 其他

E9. 贵公司是否召开过职工代表大会：1. 是　2. 否

E10. 贵公司是否建立了集体协商制度：1. 是　2. 否

E11. 贵公司工会会费是否由税务代收：1. 是　2. 否

F. 劳动争议及调处

F1. 贵公司2014年劳动争议发生的次数：＿＿＿＿＿＿＿（次）

F2. 贵公司近三年出现的群体性停工或罢工事件的次数：＿＿＿＿＿（次）

F3. 贵公司 2014 年劳动争议成功处理的案件数量：_____（件）

F4. 贵公司每起劳动争议持续的平均时间大致是：_____（天）

F5. 贵公司 2014 年经劳动仲裁处理的劳动争议数量：_____（件）

F6. 贵公司劳动争议仲裁裁决的胜诉情况：

1. 企业全部胜诉　2. 劳动者全部胜诉　3. 企业胜诉多　4. 劳动者胜诉多　5. 大致相当

F7. 贵公司发生的劳动争议的主要类型（可多选）：

1. 劳动报酬纠纷　2. 社会保险待遇纠纷　3. 劳动合同纠纷
4. 其他

F8. 贵公司近三年发生的集体劳动争议的次数：

a. 2014 年：____次　　b. 2013 年：____次　　c. 2012 年：____次

F9. 贵公司集体劳动争议每起涉及劳动者的人数约为：

1. 1 人　　　　2. 1—9 人　　　3. 10—29 人　　　4. 30 人以上

F10. 贵公司近三年每次集体劳资纠纷持续的时间大约为：

1. 1 天　　　　　　2. 3 天　　　　　　3. 5 天以上

F11. 贵公司近三年集体劳动争议的解决方式主要为：

1. 由劳动行政部门调解解决　2. 双方在工会的协调下解决　3. 向仲裁机构申请仲裁

F12. 贵公司认为预防劳动争议发生的主要措施是：

1. 由工会负责协调　2. 健全人力资源管理制度　3. 扩大职工的民主管理

F13. 贵公司认为解决集体劳动争议最为有效的方式应为：

1. 双方充分沟通，协商解决　2. 建立有效的集体谈判机制　3. 先停工，后谈判

F14. 贵公司认为集体谈判制度能否促进劳动关系的和谐：

1. 能　2. 作用不大　3. 不能

F15. 贵公司是如何处理劳动关系的（可多选）：

1. 员工、企业以及社会各方利益平衡，但一定要合法

2. 对员工管理做到"合法、合理、合情"三者的统一

3. 企业与员工利益有矛盾，难以完全做到合法，但企业要尽量合理，与员工搞好关系

4. 企业与员工利益不一致，企业竞争压力大，企业能够守法，就尽责了

5. 努力做到民主法制、公平正义、诚信友爱、安定有序、充满活力、工作安全和环保等

6. 规范有序、公平合理、互利双赢、合作稳定

F16. 贵公司若发生劳动争议，主要通过何种方式解决：

1. 与员工直接协商　2. 通过工会调解　3. 通过社区调解　4. 仲裁
5. 诉讼　6. 员工放弃　7. 强制员工服从　8. 其他

F17. 贵公司是否成立了劳动争议调解委员会或其他专门机构：

1. 是　2. 否

F18. 贵公司认为工商联（总商会）参与构建和谐劳动关系的主要方式包括（可多选）：

1. 指导企业用工　2. 开展劳动相关的教育培训　3. 直接参与企业劳动关系相关的谈判　4. 代表企业帮助协调行政主管部门及工会等关系
5. 建立企业劳动关系评价体系　6. 引导企业完善内部管理制度，建设企业文化　7. 难以发挥作用　8. 其他

F19. 贵公司认为行业协会或商会在构建和谐劳动关系的主要方式包括（可多选）：

1. 指导企业用工　2. 开展劳动相关的教育培训　3. 参与企业劳动关系相关的谈判　4. 帮助协调与行政主管部门及工会等关系　5. 建立企业劳动关系评价体系　6. 引导企业完善内部管理制度，建设企业文化
7. 难以发挥作用　8. 其他

F20. 贵公司认为三方参与协调机制可以在解决劳动纠纷中发挥哪些作用（可多选）：

1. 对劳动关系中带普遍性、规律性或全局性的问题，提出解决问题的对策和意见

2. 依各自职责对劳动法律法规贯彻实施情况和群体性情况进行监督检查

3. 对企业签订集体合同进行指导

4. 难以发挥作用

5. 根本没有什么作用

6. 其他

F21. 贵公司认为构建和谐劳动关系的最大困难或问题是：

1. 法律法规不健全　2. 执法不严　3. 企业管理理念滞后　4. 企业管理制度不完善　5. 企业经营业绩较差　6. 员工要求较高　7. 其他

F22. 贵公司认为当地政府在构建和谐劳动关系方面主要还应做哪些努力：_____

问卷结束。再次感谢贵公司的大力支持！

佛山市顺德区劳动关系高管调查问卷

企业代码	

尊敬的女士/先生：

您好！本调查系华南师范大学顺德区博士后创新实践基地和国家级省部共建顺德和谐劳动关系试验区的联合调查，您是我们随机抽取的调查对象，您的真实想法和意见对于我们的科学研究具有重要的参考价值。所有调查信息仅用于研究用途，我们郑重承诺根据有关法规严格保密。现占用您一点时间，请您给予支持与配合，谢谢！

华南师范大学/顺德区民政和人力资源社会保障局

填写说明：请您在符合实际情况和意见的选项标号上打"√"或在加下划线的空白处填写实际的内容，如无特别说明，请只填写一个答案。

A. 高管的基本情况

A1. 您的性别是：

1. 男性　2. 女性

A2. 您的年龄是：_____岁。您现在的职位是：_____

A3. 您的户籍是：

1. 佛山市　2. 广东省内其他市　3. 外省、市、自治区　4. 国（境）外

A4. 您的教育程度是下面哪一种？（包括您通过自学、夜大、函授和成人高校获得学历文凭的教育）

1. 初中及以下　2. 高中/职高/中专/技校　3. 大专　4. 大学本科

5. 研究生及以上

A5. 您的政治面貌是下面哪一种？

1. 中共党员　2. 共青团员　3. 民主党派人士　4. 普通群众

A6. 您是工会会员吗？

1. 是　2. 否

A7. 您是本企业的业主之一吗？如果不是，请跳转到问题 A9。

1. 是　2. 否

A8. 如果您是本企业的业主之一，您是最大的股东吗？

1. 是　2. 否

A9. 您是企业的开创者吗？

1. 是　2. 否

A10. 您在本行业企业工作的年限有多少年了？

1. 1—2 年　2. 3—4 年　3. 5—6 年　4. 7—8 年　5. 9—10 年

6. 10 年以上

A11. 您在现企业工作的年限有多少年了？

1. 1—2 年　2. 3—4 年　3. 5—6 年　4. 7—8 年　5. 9—10 年
6. 10 年以上

A12. 您担任高管职位有多少年了？

1. 1—2 年　2. 3—4 年　3. 5—6 年　4. 7—8 年　5. 9—10 年
6. 10 年以上

A13. 您担任现任高管职位的提拔途径是通过如下哪种方式？

1. 内部员工晋升　2. 职业经理人招聘　3. 我和老板原本是朋友，企业老板请我来打理企业

A14. 您和企业签订劳动合同的期限是多长？

1. 1—2 年　2. 3—4 年　3. 5—6 年　4. 7—8 年　5. 无固定期限劳动合同

A15. 您认为本企业面临劳动关系的现状是下列哪一个选项？

1. 非常好　2. 存在一些问题，需要改进　3. 危险　4. 说不清楚

B. 劳动合同

B1. 您认为贵企业与员工是否需要签订劳动合同？

1. 是　2. 否

B2. 您认为有哪些因素影响企业是否与员工签订劳动合同？

1. 企业运行成本　2. 与员工的劳动争议　3. 企业用工的灵活性
4. 企业管理便利　5. 政府监管力度　6. 园区其他企业签订情况　7. 其他（请填写）：_____

B3. 您认为企业与核心员工签订何种劳动合同比较合适？

1. 1 年及以下的短期合同　2. 1—3 年的中期合同　3. 3 年以上的长期合同　4. 无固定期限合同　5. 不签合同

B4. 您认为企业与一般员工签订何种劳动合同比较合适？

1. 1 年及以下的短期合同　2. 1—3 年的中期合同　3. 3 年以上的长期合同　4. 无固定期限合同　5. 不签合同

B5. 您认为贵企业是否需要参与集体合同协商？

1. 是　2. 否

B6. 您认为影响贵企业是否参与集体合同协商的主要因素有哪些？

1. 企业运行成本　2. 管理的灵活性　3. 政府因素（监管力度等）
4. 员工因素（员工态度及决心）

C. 薪酬福利与社会保障

C1. 您认为企业采用何种工资决定机制比较合适？

1. 企业单边决定　2. 集体协商　3. 个别协商　4. 核心员工工资实行个别协商，一般员工工资由企业单边决定　5. 核心员工工资实行个别协商，一般员工工资实行集体协商

C2. 贵企业对一般员工实行何种工资形式？

1. 计时工资+奖金　2. 计件工资+奖金

C3. 贵企业对核心员工实行何种工资结构？

1. 岗位工资+绩效工资　2. 岗位工资+提成　3. 岗位工资+奖金
4. 年薪制

C4. 贵企业采用什么样的方法留住核心员工？

1. 高薪　2. 高福利　3. 股权、期权　4. 感情留人　5. 事业留人
6. 帮助解决家庭后顾之忧　7. 很容易招聘，不需要特别考虑　8. 其他

C5. 贵企业采用什么样的方法留住一般员工？

1. 高薪　2. 高福利　3. 完善的生活配套设施　4. 感情留人　5. 事业留人　6. 帮助解决家庭后顾之忧　7. 很容易招聘，不需要特别考虑

C6. 影响贵企业员工社保参保率的主要影响因素有（可多选）：

1. 企业用工成本　2. 企业利润　3. 当地政府的监管力度　4. 同行

比较　5. 劳动者或工会的议价能力　6. 其他

D. 员工发展与民主管理

D1. 您认为是否有必要对核心员工进行培训或教育？

1. 非常必要　2. 有一些必要　3. 没有必要　4. 说不清楚

D2. 贵企业对核心员工进行过哪些方面的培训或教育？

1. 业务培训　2. 职业生涯规划与发展培训　3. 团队拓展培训
4. 亲子教育、社交礼仪等方面的人文培训　5. 心理健康辅导培训　6. 学历教育　7. 没有任何培训或教育

D3. 贵企业对一般员工进行过哪些方面的培训或教育？

1. 岗前培训　2. 业务培训　3. 职业生涯规划与发展培训　4. 团队精神培训　5. 亲子教育、社交礼仪等方面的人文培训　6. 心理健康辅导培训　7. 学历教育　8. 没有任何培训或教育

D4. 贵企业的重要岗位人员来自于企业内部的比例是下面哪一个选项？

1. 10%以下　2. 10%—20%　3. 20%—30%　4. 30%—40%
5. 40%—50%　6. 50%—60%　7. 60%—70%　8. 70%—80%
9. 80%—90%　10. 100%

D5. 您选拔重要岗位人员的最主要的依据是下列哪一个因素？

1. 亲缘关系　2. 能力和业绩　3. 社会背景　4. 文凭和学历　5. 信任程度　6. 其他

D6. 您认为一般员工的职业发展的主要方向是下面哪一个选项？

1. 技术等级晋升　2. 管理等级晋升　3. 薪酬提升　4. 其他

D7. 您认为企业员工参与企业管理是否有用？

1. 非常有用　2. 有一些作用　3. 没有作用　4. 说不清楚

D8. 如果有用，您希望企业员工参与企业管理的途径有哪些？

1. 向管理方口头建议　2. 给管理方写信、发电子邮件　3. 通过 Q

群或者微信等虚拟社区交流工具　4. 通过工会建议　5. 通过员工老乡会等组织　6. 其他（请说明）

E. 劳动争议及调处

E1. 您认为通过何种方式解决劳动争议比较合适？

1. 通过企业内部调解组织调解　2. 通过工会调解　3. 通过社区调解 4. 仲裁　5. 诉讼　6. 强制员工服从　7. 其他

E2. 您认为发生劳动争议的主要原因是下列哪些因素？（可多选）

1. 员工要求过高　2. 现行劳动争议调处机制不力　3. 员工对企业没有归属感　4. 政府过于偏袒劳动者　5. 社会舆论导向　6. 员工素质太低 7. 企业主素质不高　8. 企业管理不完善　9. 其他

E3. 您认为在处理劳动争议时，企业主的合法权益是否受到了应有的保护？

1. 过于保护企业主利益，忽视劳动者合法权益　2. 企业主合法权益得到了保护　3. 过于保护劳动者利益，忽视企业主合法权益　4. 不了解

E4. 您认为工商联对于企业构建和谐劳动关系有帮助吗？

1. 有较大帮助　2. 有一些帮助，帮助不大　3. 没有帮助　4. 说不清楚

E5. 您认为行业协会或商会对于企业构建和谐劳动关系有帮助吗？

1. 有较大帮助　2. 有一些帮助，帮助不大　3. 没有帮助　4. 说不清楚

E6. 您认为企业工会对于企业构建和谐劳动关系有帮助吗？

1. 有较大帮助　2. 有一些帮助，帮助不大　3. 没有帮助　4. 说不清楚

E7. 您认为企业工会对于企业构建和谐劳动关系有什么帮助？（认为没有帮助的，请跳过）

1. 维护社会稳定　2. 协调企业劳资关系　3. 稳定员工队伍，降低员

工流动率 4. 提高企业劳动生产率 5. 更好地维护企业的权益 6. 其他（请填写）：_____

E8. 您认为企业工会对于企业的运行有哪些帮助？

1. 有正面影响 2. 没有什么作用 3. 有利于企业经营管理 4. 不利于企业主的利益 5. 其他（请填写）：_____

E9. 您对构建劳动关系的劳动行政主管部门、工会、工商联（企业商会）三方参与机制的看法是：

1. 好，抱有希望 2. 好，但操作上有难度 3. 不好，难以发挥作用

E10. 您认为三方参与协调机制可以在解决劳动纠纷中发挥哪些作用？（可多选）

1. 对劳动关系中带普遍性、规律性或全局性的问题，提出解决问题的对策和意见

2. 依各自职责对劳动法律法规贯彻实施情况和群体性情况进行监督检查

3. 对企业签订集体合同进行指导 4. 难以发挥作用 5. 根本没有什么作用 6. 其他

E11. 您认为产业园区对企业构建和谐劳动关系可以从哪些方面发挥作用？（可多选）

1. 为员工提供休闲娱乐场所 2. 培训员工 3. 为员工提供廉租房 4. 为员工子女提供公办教育 5. 为员工提供基本医疗保障 6. 为员工提供法律保障 7. 为员工提供就业信息 8. 其他

E12. 您认为构建和谐劳动关系的最大困难或问题是：

1. 法律法规不健全 2. 执法不严 3. 企业管理理念滞后 4. 企业管理制度不完善 5. 企业经营业绩较差 6. 员工要求较高 7. 其他

问卷结束。再次感谢您的大力支持和帮助！

佛山市顺德区新生代农民工劳动关系调查问卷

企业代码	

尊敬的女士/先生：

您好！本调查系华南师范大学顺德区博士后创新实践基地和国家级省部共建顺德和谐劳动关系试验区的联合调查项目，您是我们随机抽取的调查对象，您的真实想法和意见对于我们的研究具有重要的参考价值。所有调查信息仅用于研究用途，我们郑重承诺根据有关法规严格保密。现占用您一点时间，请您给予支持与配合，谢谢！

华南师范大学/顺德区民政和人力资源社会保障局

填写说明：请您在符合实际情况和意见的选项标号上打"√"或在加下划线的空白处填写合适的内容，如无特别说明，请只填写一个最佳答案。

A. 个人基本信息

A1. 您的年龄是：_____岁。

您的性别是：

1. 男   2. 女

A2. 您的户籍所在地是：

1. 顺德区   2. 广东省内其他市（区）   3. 外省（市、自治区）

4. 其他

您的户籍是：

1. 农村   2. 城镇

A3. 您的文化程度是：

1. 小学及以下   2. 初中   3. 高中、职校、中专或技校   4. 大专

5. 本科　6. 研究生及以上

A4. 您的婚姻状况是：

1. 已婚　2. 未婚　3. 再婚　4. 离异

A5. 如果您有孩子，孩子也在顺德吗？（未婚的请跳过）

1. 是　2. 否

A6. 您的政治面貌是：

1. 中共党员　2. 共青团员　3. 民主党派人士　4. 群众

A7. 您是企业工会会员吗？

1. 是　2. 否　3. 不清楚

A8. 您参加工作的年限是_____年；您在现在企业工作了_____年；从参加工作开始，您总共换了_____次工作。

A9. 您在企业中的职位是：

1. 一线员工　2. 办公室文员　3. 技工（持国家职业资格技能证书）

4. 专业技术人员（持国家专业技术职称证书）　5. 一线管理者

6. 其他

A10. 您在现在企业的用工形式是：

1. 合同工　2. 派遣工

B. 劳动合同与集体合同

B1. 您是通过什么途径获得现在这份工作的？

1. 企业招聘　2. 报纸杂志等传统媒体　3. 微博、微信等网络媒体

4. 劳务中介　5. 熟人介绍　6. 其他

B2. 您是否与企业签订了劳动合同？

1. 是　2. 否

B3. 您与企业的劳动关系是怎么形成的：

1. 口头协议　2. 书面合同

B4. 您与企业签订的劳动合同期限是_____年。（没签合同的，请跳过）

B5. 您知道劳动者和用人单位解除劳动合同的条件、程序和手续吗？

1. 知道　2. 知道一些　3. 不知道

B6. 您了解集体合同吗？

1. 了解　2. 了解一些　3. 听过，不了解　4. 没听过

B7. 您所在的企业与工会（或员工代表）签订了集体合同吗？

1. 签订了　2. 没有　3. 不清楚

B8. 您觉得企业不愿意与员工签订劳动合同的原因是？

1. 缺乏法律意识　2. 企业降低成本的需要　3. 不愿意缴纳社保
4. 炒人方便　5. 相关部门监管不力　6. 说不清楚

C. 薪酬福利和社会保障

C1. 您每月实收工资是_____元，全年总收入是_____元。

C2. 您每个月的家庭总收入大约是_____元，每个月的家庭支出大约是_____元。

家庭支出中，用于食品消费的占比大约是_____%，住房支出的占比大约是_____%。

C3. 您是否遇到过克扣和拖欠工资现象？

1. 是　2. 否

是否经常发生？

1. 是　2. 否

C4. 您有否领取高温津贴？

1. 是　2. 否

如有，每月_____元？您认为标准

1. 可以　2. 应增加

C5. 您的节假日加班工资是按照劳动法规定标准发放的吗?

1. 是　2. 否　3. 不清楚

C6. 您的加班工资占总工资的比例为:

1. 0%　2. 20%以下　3. 20%—29%　4. 30%—39%　5. 40%—49%　6. 50%—59%　7. 60%及以上

C7. 您们的工资是如何决定的?

1. 老板决定　2. 人力资源部　3. 部门经理　4. 个人与老板、人力资源部或部门经理协商　5. 工会与企业集体协商　6. 其他

C8. 企业每年是否会给你们加工资?

1. 是　2. 否　3. 到企业的时间不长,不清楚

C9. 您觉得企业为员工加工资的依据有哪些(可多选):

1. 个人能力和业绩提高了　2. 企业效益提高了　3. 物价上涨了　4. 与上级的关系好　5. 在企业的工龄增加了　6. 其他

C10. 您所在企业是否有年终奖或绩效奖?

1. 是　2. 否

C11. 从整体上看,您对目前的薪酬水平满意度为:

1. 非常满意　2. 比较满意　3. 满意　4. 不满意　5. 很不满意

C12. 您所在的企业有以下大家都可以享受的生活设施吗?

1. 体育设施　2. 文艺设施　3. 上网设施　4. 商店　5. 其他设施　6. 都没有

C13. 您现在住的房子是:

1. 员工集体宿舍　2. 企业夫妻房　3. 政府提供保障性住房　4. 自己购买的房子　5. 自己租赁的房子

C14. 您对目前企业提供的工资以外的福利满意吗?

1. 非常满意　2. 比较满意　3. 满意　4. 不满意　5. 很不满意

C15. 企业是否给您缴纳了社会保险?

1. 缴纳了　2. 没有　3. 不清楚

C16. 如果没有缴纳了，那企业现在是否给您缴纳了商业保险（尤其是工伤保险）？

1. 缴纳了　2. 没有　3. 不清楚

C17. 如果您个人不愿意缴纳社会保险，原因有哪些（可多选）：（如愿意，请跳过）

1. 会降低实际到手的工资　2. 变换工作后，转移起来麻烦　3. 与农村或城镇居民保险冲突　4. 没想在城市里长期工作下去　5. 没去想今后养老的事情　6. 其他

D. 劳动保障

D1. 您每天一般工作_____小时。您每个月一般休息_____天。

是否有年休假：

1. 是　2. 否

D2. 您在生产过程中是否有工间休息时间？

1. 有　2. 没有

D3. 如果有，一天工间休息的时间大约为：（没有工间休息的，请跳过）

1. 10 分钟　2. 20 分钟　3. 20—30 分钟　4. 30—40 分钟　5. 40—50 分钟　6. 60 分钟以上

D4. 你对目前的休息时间和工作强度满意吗？

1. 非常满意　2. 比较满意　3. 满意　4. 不满意　5. 很不满意

D5. 您对工作场所的劳动环境满意吗？

1. 非常满意　2. 比较满意　3. 满意　4. 不满意　5. 很不满意

D6. 企业是否与女职工签订了权益保护专项集体合同？（男性请跳过）

1. 是　2. 否

D7. 企业是否开展了安全生产方面的培训？

1. 经常开展　2. 比较少开展　3. 没有开展

D8. 您对企业的生产安全保护满意吗？

1. 非常满意　2. 比较满意　3. 满意　4. 不满意　5. 很不满意

E. 员工发展与民主管理

E1. 您现在的知识和技能主要是通过什么方式获得的？

1. 学校教育　2. 职业培训　3. 实际工作经验　4. 传帮带　5. 其他

E2. 您认为影响您个人职业发展的因素有哪些？（可多选）

1. 学历层次　2. 技能水平　3. 工作经验

4. 企业前景　　5. 职业发展空间　6. 其他

E3. 您对职业发展有什么期望？

1. 增加收入　2. 学习本事　3. 职业发展　4. 自主创业　5. 暂无规划　6. 其他

E4. 如果企业能不断提供学习实用知识和技能的机会，您会打算较长时间留在该企业吗？

1. 会　2. 不会　3. 学到一定本事后会跳槽　4. 视情况而定

E5. 您对企业目前的晋升途径或通道满意吗？

1. 非常满意　2. 比较满意　3. 满意　4. 不满意　5. 很不满意

E6. 您与同事之间的交流、交往情况：

1. 很多　2. 较多　3. 一般　4. 较少　5. 基本没有

E7. 您在当地社会交往中主要与哪些人联系？（可多选）

1. 同事　2. 当地打工老乡　3. 当地居民　4. 老板或高管　5. 政府工作人员　6. 其他

E8. 您在企业的安全感与归属感如何？

1. 非常强烈　2. 比较强烈　3. 一般　4. 没有　5. 完全没有

E9. 您对企业目前的员工管理规章制度满意吗？

1. 非常满意　2. 比较满意　3. 满意　4. 不满意　5. 很不满意

E10. 您认为已经建立的有关员工管理的规章制度执行情况：

1. 很好 2. 较好 3. 一般 4. 较差 5. 很差

E11. 员工的合理化建议一般会被企业采纳吗？

1. 全部采纳 2. 部分采纳 3. 不会采纳

E12. 您在工作时，有多少自主权？

1. 较多 2. 仅有一些 3. 没有

E13. 您所在部门主要通过什么方式了解您的工作状况？

1. 是否跟上设备的运转 2. 通过管理者监督 3. 给我自主权，主要看结果 4. 其他

E14. 您在工作中如果遇到不公平、不合理的情况，您可能会如何处理？（多选）

1. 忍 2. 寻求工会帮助 3. 向企业相关部门申诉 4. 向当地劳动部门投诉 5. 辞工 6. 寻求老乡帮助 7. 停工 8. 集体维权

E15. 如果辞工，您认为主要原因是（按重要性由高到低排序）：_____。

1. 工资低 2. 福利差 3. 没有个人发展空间 4. 学不到本事
5. 管理不人性化 6. 工作时间太长 7. 劳动强度太大 8. 企业发展前景不好 9. 其他

E16. 您认为影响工作积极性和主动性的主要因素是（按重要性由高到低排序）：_____。

1. 工资福利 2. 劳动环境 3. 个人兴趣   4. 企业内的公平情况
5. 个人发展空间 6. 企业的发展前景 7. 企业管理者态度和方法
8.. 其他

E17. 贵企业建立了工会吗？（若选 2，请直接跳到 F1）

1. 建立了 2. 没有 3. 不清楚

E18. 企业工会主席是如何产生的？

1. 上级委派 2. 老板安排 3. 员工选举 4. 其他

E19. 企业工会主要开展了哪些活动？（可多选）

1. 协调企业劳资关系 2. 开展文体活动 3. 组织员工的培训
4. 签订集体合同 5. 代表工人与资方开展工资集体协商 6. 组织召开职代会，参与企业民主管理 7. 为职工谋福利 8. 基本没有开展活动

E20. 企业工会会员大会一般多长时间召开一次？

1. 1年 2. 2年 3. 2年以上 4. 很难说，视情况而定 5. 从没开过

E21. 您认为影响工会发挥实质性作用的因素有哪些？（可多选）

1. 上级工会没有指导 2. 企业干扰 3. 员工流动性大 4. 员工对工会不太了解 5. 缺乏有能力并有责任心的工会干部 6. 缺乏经费
7. 其他

F. 劳动争议及调处

F1. 在您的工作经历中与企业发生过劳动争议吗？

1. 有 2. 没有

若选1，您与企业发生劳动争议的最主要原因有哪些？请说明：

_____

b. 您是如何处理劳动争议的？

1. 忍 2. 寻求工会帮助 3. 向企业相关部门申诉 4. 向当地劳动部门投诉 5. 辞工 6. 找老乡帮忙 7. 停工 8. 过激维权

F2. 您认为劳动争议处理不好的原因有哪些？

1. 怕打击报复 2. 怕企业辞退 3. 担心难找到与现在差不多的工作
4. 缺乏处理争议的渠道 5. 处理争议的时间成本和经济成本过高 6. 缺乏处理争议的经验和知识 7. 证据采集难 8. 担心政府站在企业一边，

赢不了　9. 其他

F3. 您如果向当地劳动行政部门投诉过企业用工情况等，您对投诉受理情况是否满意？

1. 非常满意　2. 比较满意　3. 满意　4. 不满意　5. 很不满意

F4. 您如果向当地企业组织投诉过企业用工情况等，您对投诉受理情况是否满意？

1. 非常满意　2. 比较满意　3. 满意　4. 不满意　5. 很不满意

F5. 您如果向当地总工会投诉过企业用工情况等，您对投诉受理情况是否满意？

1. 非常满意　2. 比较满意　3. 满意　4. 不满意　5. 很不满意

F6. 出现劳动争议，您不投诉的主要原因是：

1. 没用　2. 怕报复　3. 懒得投诉

F7. 您对当地政府处理劳动争议有什么建议？（可多选）

1. 依法办事，不偏袒任何一方　2. 对劳动者的投诉及时受理　3. 加强对企业用工情况的检查和监督　4. 指导成立真正代表员工利益的工会　5. 其他

G. 基本公共服务

G1. 您在顺德有归属感吗？（顺德本地户籍的请跳过）

1. 非常强烈　2. 比较强烈　3. 一般　4. 没有　5. 完全没有

G2. 您是否有入户顺德区的意愿？

1. 非常强烈　2. 比较强烈　3. 一般　4. 没有　5. 完全没有

G3. 您认为现在顺德区的入户要求过高吗？

1. 非常高　2. 比较高　3. 合适　4. 比较低　5. 非常低

G4. 以您目前的收入和掌握的资源，您觉得入户后的生活压力：

1. 非常大　2. 比较大　3. 说不清　4. 没有　5. 完全没有

G5. 您对顺德区基本公共服务均等化方面的现状满意吗？

1. 非常满意　2. 比较满意　3. 满意　4. 不满意　5. 很不满意

G6. 您对顺德区最不满意的公共服务是：

1. 教育　2. 医疗　3. 公共交通　4. 公共安全　5. 社会保障

G7. 你还希望政府提供哪些公共服务？请说明：_____

G8. 您觉得政府在教育方面应如何改进？

1. 提供更多的公办学校学位　2. 降低公办学校积分入学的门槛

3. 扶持民办学校，以提高教学质量　4. 其他

G9. 您觉得政府在医疗服务方面应如何改进？

1. 优化社保卡的功能，使就医更加方便　2. 提供社区医疗服务水平

3. 简化转诊手续　4. 增加医院床位　5. 降低医疗费用　6. 其他

G10. 您觉得政府在住房方面应如何改进？

1. 控制商品房房价　2. 增加公共租赁房和廉租房的数量　3. 使外来普通员工有权入住公共租赁房和廉租房　4. 降低公共租赁房和廉租房的租金　5. 其他

G11. 您觉得政府在促进就业方面应如何改进？

1. 加强劳动力市场建设　2. 及时发布就业信息　3. 加大资助培训外来工的力度　4. 其他

问卷结束。再次感谢您的支持和帮助！

后　记

作为我国特有的二元户籍制度及经济发展的产物，新生代农民工具有鲜明的时代特征。新生代农民工的自我身份认同、心理诉求等特征的改变将影响劳资关系的现状及未来，同时也对组织人力资源管理及员工关系提出新的要求。新生代农民工对于组织与员工之间责任的期望及认识逐渐发生变化，并对相应工作心理行为产生一定影响。此外，由于经济发展以及城市产业的转型，新生代农民工的分布呈现集中化的趋势，并主要以产业园区为聚集区域。在研究新生代农民工特征、工作动机及影响因素之外，还应该从产业转型以及产业园区聚集背景着手研究新生代农民工问题。

本书是在广东省哲学社会科学"十三五"规划项目研究成果和作者博士论文基础上修订而成。在未来还将围绕新生代农民工工作及心理行为等一系列问题展开相关研究。参与研究以及协助调研的还有课题组参与成员及相关同志，佛山市顺德区政府、民政、人力资源社会保障局等单位和相关同志提供的调研协助，在此一并表示感谢！

在此特别感谢谌新民教授和凌文辁教授的悉心指导，感谢华南师范大学南海和顺德博士后创新基地给予的调研协助，感谢人民出版社陈登老师的理解和帮助！

谌晓舟

2018 年 5 月

责任编辑:陈 登
封面设计:汪 阳

图书在版编目(CIP)数据

新生代农民工组织内交换与心理行为研究/谌晓舟 著. —北京:人民出版社,
  2018.8
ISBN 978 - 7 - 01 - 019939 - 9

Ⅰ.①新… Ⅱ.①谌… Ⅲ.①民工-心理行为-研究-中国 Ⅳ.①B844.3

中国版本图书馆 CIP 数据核字(2018)第 238149 号

新生代农民工组织内交换与心理行为研究
XINSHENGDAI NONGMINGONG ZUZHI NEI JIAOHUAN YU XINLI XINGWEI YANJIU

谌晓舟 著

人民出版社 出版发行
(100706 北京市东城区隆福寺街 99 号)

天津文林印务有限公司印刷 新华书店经销

2018 年 8 月第 1 版 2018 年 8 月北京第 1 次印刷
开本:710 毫米×1000 毫米 1/16 印张:16.75
字数:216 千字

ISBN 978 - 7 - 01 - 019939 - 9 定价:48.00 元

邮购地址 100706 北京市东城区隆福寺街 99 号
人民东方图书销售中心 电话 (010)65250042 65289539